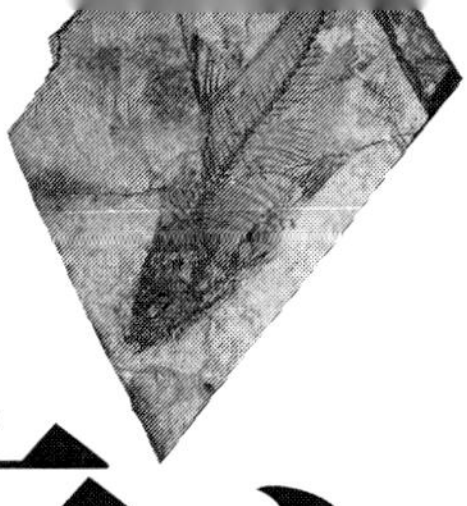

きっかけは コイの歯から

魚と米と人のかかわり

中島経夫

Nakajima Tsuneo

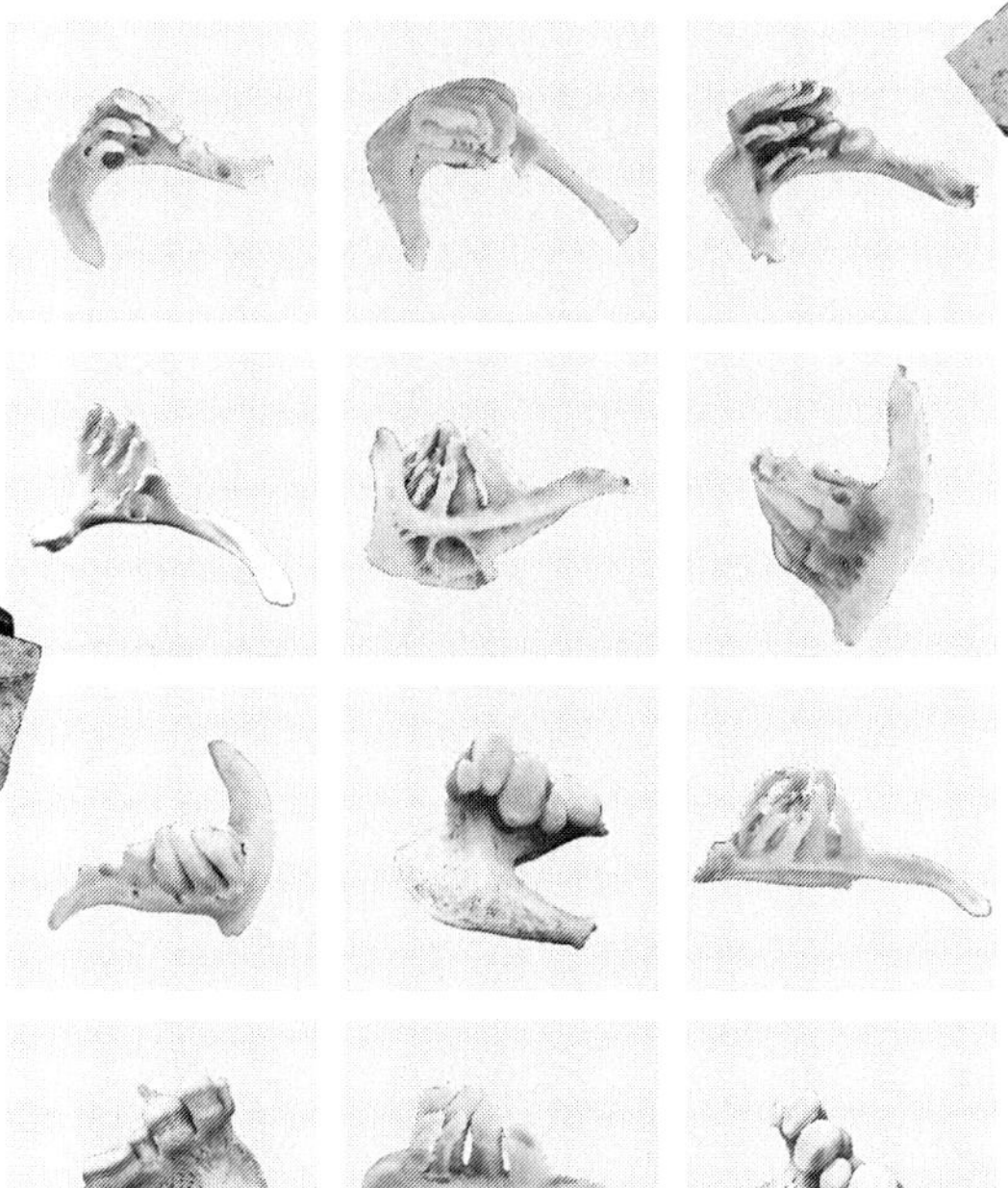

SUNRISE

はじめに

私がこの本を書いてみようと思った理由は、コイの歯からさまざまなことがわかることを、伝えたかったからである。そんなわけで、本書の内容は多岐にわたっている。魚類学から始まり、歯学、古生物学、考古学へと展開していく。

第一章では、草津市下物の琵琶湖畔でのできごとをまじえながら、コイの歯の研究を始めるきっかけについて述べる。

第二章の一節では、修士論文をまとめるため、コイ科の魚で琵琶湖の固有種であるホンモロコの咽頭歯系がどのようにできあがるか観察したことを紹介する。5㎜ほどの小さなホンモロコの仔魚から咽頭骨を取り出す苦労を述べながら、仔魚と成魚では歯の並びが違うことを発見したこと、複雑な並び方をしている仔魚の歯の並びが、きわめて規則的であることに気づいたときの喜びを紹介する。二節ではホンモロコで明らかにした咽頭歯系の発生を、いろいろなコイ科の魚に拡大し比較することによって、学位論文をまとめたことを紹介する。

第三章の一節では、歯の研究をしていたおかげで、歯科大学に就職できたこと、二節では、ニゴロブナの咽頭歯を、走査型電子顕微鏡を使って、詳細な形態形成を観察し、それにもとづいて多様な形態を示すコイ科の咽頭歯を類型化したことを紹介する。三節では咽頭歯の形態についての研究のかたわら、滋賀や三重、岐阜の露頭にコイ科の咽頭歯化石を探し歩いたことや、その研究からわかった日本列島における淡水魚類相の発達史について解説する。それとともに、琵琶湖の自然史を明らかにするために地質学やさまざまな分野の古生物学者や生物学者とともに琵琶湖自然史研究会を組織し、「琵琶湖の自然史」を著したことを紹介する。

第四章の一節では博物館活動について紹介するとともに、博物館サポーターとの共同研究についても紹介する。二節ではコイの歯の研究と考古学との出会い、咽頭歯遺存体の研究が考古学にどのように貢献できるかを示す。また、地質学、古生物学、生物学、考古学、歴史学、社会学の研究者とともに、フナやコイを対象とした総合研究を10年にわたり実施してきた。異分野の研究者との議論の成果でもある、魚と米と人のかかわりのはじまりとそれからの歴史について紹介する。

第五章では、魚と米と人とのかかわりの原点と、それからについて考えてみる。

魚類学、歯学、古生物学、考古学と、私の研究史に沿って、話は展開していく。そんなわけで、全体を通して読むことはかなりむずかしいし、興味がわかない部分もあるかと思う。そのような箇所はすどおりしてもらえればと思う。

あえて読みにくい本書を著した理由は、とりもなおさず咽頭歯という美しい形に感激し、化石や考古遺跡に残る遺存体の咽頭歯の色と輝きに魅せられ、それを見つけたときの喜び、さらに1㎜にもみたない小さな歯から、さまざまな分野の研究者との共同研究によって、数千万年もの地球の歴史や、新石器時代や縄文・弥生時代の人々の営みの歴史が見えてくることを理解していただけたらという思いからである。

また逆に、本書のなかで述べられる個々の分野の内容は限られたものになっている。それぞれの分野の詳しい内容は、いくつかのほかの著書で著してきたので、興味をもたれた方はそれらの著書を参考にしていただいたらと思う。

２０２３年10月

中島経夫

目次

はじめに　3

第一章　プロローグ

第一節　琵琶湖の漁師、畑さんから学んだこと　10

ワタカの産卵／畑さんとの出会い／モロコ漁／私の失敗

第二節　長い咽頭歯研究のはじまり　21

咽頭歯との出会い

第二章　研究のはじまり

第一節　研究テーマの決定　23

ホンモロコの咽頭歯／ホンモロコの飼育／ホンモロコの発生
どうやって小さな歯を観察しようか／初めて見た咽頭歯系の発生
ホンモロコの咽頭歯の発生／仔魚と成魚の咽頭歯系

Column　エドマンドとオズボーンの説　37

第二節　修士論文とそれからの展開　40
いろいろなコイ科の咽頭歯系の発生をみてみよう／仔魚歯系と成魚歯系
ドジョウ仔魚の咽頭歯系／コイとドジョウの進化

第三章　研究の本格化

第一節　咽頭歯とコイ科　49
歯科大学への就職／咽頭歯とは／歯の起源と咽頭歯／コイ科魚類
咽頭歯の配列と形／『中国動物誌』によるコイ科の12の亜科とその特徴及び分布域

第二節　咽頭歯の形態形成と形の類型　62
歯の形はどのように変化していくのか／ニゴロブナの仔魚の咽頭歯系の観察
ニゴロブナの咽頭歯の形態形成と発達段階／さまざまなコイ科の歯の形態形成の段階
形態形成における発生段階と歯の類型

Column　咽頭歯の用語について　77

歯の発生の分岐と系統との関係

第三節　日本列島は化石の宝庫　82
「ワタカ」の化石／最初の論文

Column　友田淑郎先生とのかかわり　86

古琵琶湖からの魚類化石／伊賀コイ科魚類相／可児コイ科魚類相／クセノキプリスの化石
第三紀の日本と中国の化石／ワタカのふるさとは「日本海」／琵琶湖の魚類相はなぜ多様で豊かなのか
古琵琶湖の研究／古琵琶湖と琵琶湖の八つのフェーズ／大山田湖の時代（400〜320万年前）
伊賀の河川の時代（320〜300万年前）／阿山湖の時代（300〜270万年前）
甲賀湖の時代（270〜250万年前）／蒲生沼沢地群の時代（250〜180万年前）
草津の河川の時代（180〜140万年前）／堅田湖の時代（140〜40万年前）
琵琶湖の時代（40万年前から現在）／咽頭歯化石の広がり／佐世保層群と野島層群
東アジア的魚類相／咽頭歯と化石の研究の接点

第四章　湖と人間のかかわり

第一節　琵琶湖博物館での活動　118
歯科大学から博物館へ／博物館の活動／液浸収蔵庫／中国科学院水生生物研究所
うおの会／琵琶湖周辺域の魚の分布
Column　うおの会の活動の記録　133

第二節　咽頭歯研究の展開　135
日本列島型淡水魚類相／考古学との出会い／粟津貝塚の魚類遺存体／魚の保存加工
西と東の縄文文化／フナ・コイの縄文文化／弥生時代の魚類遺存体／弥生文化の受入
弥生時代の養鯉
Column　ワタカについて　154

第三節　淡水漁撈と稲作との関係　158
田螺山遺跡／賈湖遺跡／更新世から現世への環境の変化／魚と米の関係のはじまり
魚と米の関係のそれから

第五章　エピローグ

第一節　時間軸の重なり合い　176
三つの時間軸／魚と米と人の関係をふりかえる／水田に魚がいることのメリット

第二節　米をとるか魚をとるか　184
三者の関係のそれから／魚と米と人のこれから

引用文献
あとがき

第一章　プロローグ

第一節　琵琶湖の漁師、畑さんから学んだこと

ワタカの産卵

昭和49年（１９７４）の7月18日。国鉄東海道線（現在のＪＲ琵琶湖線）の草津駅から乗ったバスにはいつしか乗客もいなくなり、終点の下物《おろしも》のバス停近くでは私のほかには乗客はいなかった。

下物は草津市のはずれ、守山市との市境に近い集落である。バス停から船着き場まで、はやる心をおさえ、夕闇の中を１㎞ほどの道を急いだ。あたりは、まだ陽が沈んだばかりであるが、静かでカエルの声ばかりがうるさかった。

図1　琵琶湖の遺存種ワタカ

集落の中を流れ出た小川が津田江に開けるあたりに、船大工の家がある。そこが下物の船着き場になっていた。油のにおいが漂っている。田舟には昨夜から降った雨がたまっていた。水をかい出し、櫓《ろ》を船にのせる。もやいをはずし、竿で田舟を押し出す。狭い水路の中をおぼつかない竿さばきで田舟をあやつるが、濡れた舟底はすべりやすく、なかなか真っ直ぐには進まなかった。

やっと、開けた湖面に出たところで櫓を漕ぎ始めた。櫓がきしみ手に水の重さが伝わる。烏丸崎《からすまざき》の半島に沿って津田江の沖に向かう。月明かりに浮かぶ湖面を、櫓を漕ぎながら眺めていた。水面はかすかに波立ち、どんよりと濁っている。櫓がきしみ、風音や水音があたりに伝わる。ウシガエルの鳴き声が大きく湖面に響いた。

水際のマコモがゆれあちこちから水音がたつ。バシャバシャ、しばらく沈黙が続き、また水音がたつ。月明かりが湖面を照らすが、はっきりとは何が起こっているのかはわからない。あたりの暗さに慣れてきた。水面が盛り上がり、渦ができている。20～30cmの魚が群れて、グルグルと泳ぎ回っている。ワタカの雄が雌を追尾している。あたりの静けさとは対照的に、私の胸は高鳴った。

畑さんとの出会い

私は、この年の4月、大学院に入学した。自分の研究テーマを、琵琶湖にすむワタカという魚の骨格の発生を観察しよう、と漠然と考えていた。ワタカはコイ科の一種で、琵琶湖淀川水系だけにしかすんでいない魚である。草を食べることから馬魚《うまうお》の別名がある。なぜこのワタカを研究対象にしたのかは第三章第三節で詳しく述べることにする。研究を始めるにあたって、まず、ワタカを知らなければいけない。いつ、どこで、産卵するのか。どうすれば、受精卵を手に入れることができるのだろうか。

文献を調べ、ワタカは梅雨明けのころにヨシの茂る湖岸で産卵することを知った。自分でワタカを採るのもよいが、それより琵琶湖の漁師さんに相談してみようと考えた。さっそく4月の終わりに、草津市の志那の漁協に出かけ、組合長の藤田さんに相談してみた。「ワタカを採るなら、タツベをやっている下物の畑さんがいい」と、紹介してくれた。その日のうちに下物へでかけ、畑さんのお宅にうかがった。畑さんは日焼けした精悍な顔つきで私を迎えてくれた。

畑さんはモロコのタツベ漁をしている漁師さんであった。モロコとは、ホ

図２　琵琶湖の固有種ホンモロコ

ンモロコというコイ科の魚のことで、串にさして白焼きされ、京都の料亭でだされる商品価値の高い魚である。また、琵琶湖にのみすんでいる琵琶湖の固有種でもある。

「ワタカは、もっと暑くならへんと、セリおらん（産卵しない）。梅雨が明けて、晴れ上がった晩に、ゴボ、ゴボっと、セリおる。今は、モロコの時期や、ついてこい」と、おっしゃってくれた。畑さんは、モロコ漁を見せてくれるというのである。私はあらためてモロコ漁を見学させてもらうことにして京都に帰った。

モロコ漁

その年の5月、畑さんのお宅に泊めてもらい、モロコ漁を見学させてもらうことになった。早朝3時頃、弁当を作ってもらい一緒にでかけた。下物の船着き場から漁船に乗り烏丸崎を目指した。ディーゼルエンジンの音が真っ暗な湖面に響く。半島の先をまわって赤野井側に出た。エリのたもとで曳いてきた田舟に乗り換え、タツベを上げにかかった。

モロコのタツベは、直径40㎝、高さ50㎝ぐらいの割竹を組んだ円柱状の篭で、モロコが自由に出入りできる間隔で竹が組まれている。上部には巾着になった網があり、そこにカナダモを入れ、湖中につるすのである。その筌を80から90個ぐらい烏丸半島の北側の赤野井側に仕掛けるのである。

モロコは赤野井のヨシ場に産卵にやってくる。ふつうは、ヨシ場にあるヤナギの根などに卵を産みつけるが、タツベの中にも入り込み、藻に卵を産む。産卵後、このタツベの藻の中で休んでいるのだという。

畑さんはゆっくりと、たくみに竿をあやつり、静かにタツベに近づく。大きなタモ網で受けて、タツベを引き上げる。バシャバシャとモロコがタモに落ちてくる。一つずつタツベをめぐり、船の生け簀にモロコを入れていく。

陽も上がり、ケリのさえずりが聞こえる頃、船の生け簀はモロコでいっぱいになってしまった。まだ、タツベを半分ほどしか上げていない。

「一度、市場に持ってく」と、言って、田舟を漁船の方に向けた。

田舟の生け簀からモロコを漁船に移し、志那を目指した。志那の漁協では、もう競りも終わり、組合長さんだけが残っていた。

「今日はどうやね」

「ぼちぼちだ」

そんなやりとりをしながら、漁協の蓄養池にモロコを移した。それから、残りのタツベを上げに赤野井に戻った。さらに、タツベを上げていく、生け簀は、またみるみるうちに、モロコであふれてくる。

図３　ホンモロコの卵が一面についたタツベからはずしたカナダモ（友田淑郎氏撮影）

「一度使った草には、モロコはセリおらん」と、言いながら、タツベの藻を少し残し、新しいカナダモをタツベの巾着の中にいれ、タツベを湖中に戻す。モロコの入っているタツベのカナダモには、ホンモロコの卵がびっしりと一面についている。

「これで、また、モロコが孵《かえ》りおる」

全てのタツベを引き上げて、家に帰ったのは、お昼をはるかに過ぎていた。一日の漁獲は、60kgを超えていた。漁に出ていた時間は12時間を超え、大変な労働だが、漁獲も多かった。

「漁師さんて、儲かるのですね」

「漁師は、やまこ（博打うち）や。人と同じことをやっとたら、儲からん。人のやらんことやらにゃぁ」

モロコのタツベを考えだし、カナダモを使うようにしたのは、畑さんが初めてだという。モロコの漁期には、人を雇い、川に生えているカナダモを刈らせている。漁期には、毎日、モロコが獲れても獲れなくても、田舟がいっぱいになるほどたくさんのカナダモを購入して、モロコのタツベを仕掛ける。水温、風向き、水位によって、タツベの深さや場所を変える。

春にモロコは北湖から南湖へ産卵にやってくる。畑さんの話だと、まず、モロコは南の山田あたりで獲れだし、しだいに赤野井で獲れるようになると

図4　琵琶湖独特の大型陥穽漁具である簾立てのエリ(写真提供：滋賀県立琵琶湖博物館)

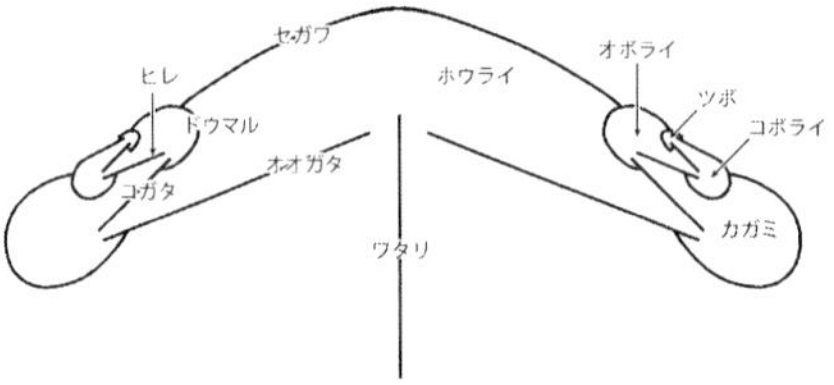

図5　襟の構造と各部の名称
竹竿の支柱に簾をはってエリは作られる。簾の名称は左に、空間の名称は右に示した。

いう。タツベ漁を始める時期をみきわめ、カナダモを買い付けて、漁を始めるのである。

モロコを素焼きにしてもらい、口にほおばった。ほろ苦い味とともに、口の中に独特の香りが広がる。東京育ちの私にとって淡水魚は泥臭いものと思っていたが、淡水魚にもこんなに旨いものがあることを初めて知った。大学院に入って、魚についての知識を何も知らない私は、漁師さんからの教えなしに、これからの研究を進めることはできないと思った。

私の失敗

素焼きのモロコや鮒鮨に舌鼓をうちながら、ワタカのことを畑さんからいろいろ教わった。ワタカのメスはフナ用のタツベに入るが、雄は身体が薄いのでタツベの「目」から抜けてしまう。雄はエリに入るから、エリで雄を捕まえておいて、タツベにはいった雌から卵をとり、受精させればよいと教わった。

エリは、琵琶湖独特の定置性の大型陥穽《かんせい》漁具である。湖岸から沖に向かってワタリという簾を張り、そのワタリによって魚の行く手をさえぎる。魚はワタリに沿って沖に向かい迷路に入り込む。最後にツボという狭い囲

図6　フナタツベ(滋賀県立琵琶湖博物館蔵)
モロコ用のタツベはほぼ同じ大きさで、クチがなく、上部にカナダモを入れる巾着がついている

いの中に誘導される。ツボにたまった魚をタモ網ですくうことをエリかきという。しかし、今ではエリは定置網と同じような網エリになっており、タモ網を使ってのエリかきは行われていないが、エリは琵琶湖の風景の一部になっている。

フナ用のタツベは、フナタツベあるいはコイタツベと呼ばれ、モロコのタツベとは違い、魚が入ったら出られないようになっている小型陥穽漁具である。大きさや形はモロコのタツベと同じくらいだが、側面に戻りがついたクチと呼ばれる入り口がある。ここから魚が入ると、外に出られない。フナの産卵期にこのタツベをヨシの間に、クチを岸に向けて仕掛けるのである。

モロコ漁が終わってから、雨が降るたびに畑さんのお宅に電話をかけた。

「ワタカは、どうでしょうか」

「まだ、セリおらん」

何度か電話をかけ、祇園祭りの頃、

「そろそろやな、今夜あたりいいかもしれん」

私は、早速、人工受精の支度をして、下物へ出かけた。人工受精の支度といっても簡単なもので、受精させるための容器であるメラミン製のドンブリと受精卵を付着させるシュロの皮、輸送用のビニール袋を用意した。下物に着いた時は、すでに陽が落ちていた。下物の船着き場から田舟を借り、烏丸

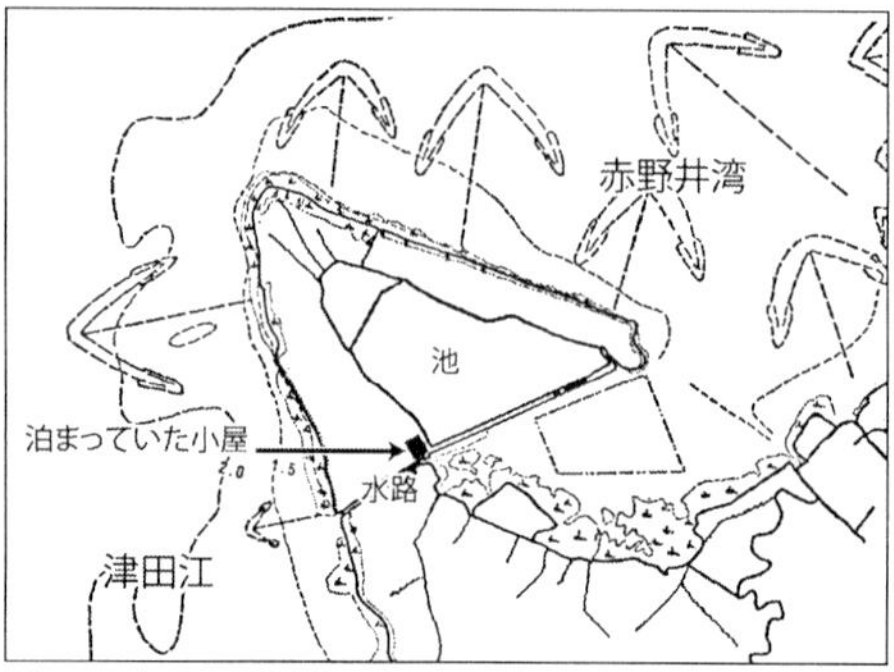

図7　烏丸崎付近の当時の地図
半島のつけねには昔太湖汽船の航路の名残の水路があり、その岸辺に調査に使った小屋があった。赤野井湾にも津田江にもエリがたくさん設置されていた。

図8　烏丸半島付近の湖岸の様子
(1974年6月友田淑郎氏撮影)
地図の小屋付近の水路から赤野井湾を望む。

半島の付け根にある小屋を目指したのである。

当時の烏丸半島は、湖岸にはヨシやマコモが茂り、陸側からは、湖に近づけなかった。半島の南側は、田圃になっていて、北側には壊れた養魚池があった。半島の付け根には、水路が切ってあり、赤野井湾とつながっていた。この水路は、昔、大津からの汽船が通る航路だったというが、当時は田舟が通るのがやっとの浅い水路になっていた。水路が赤野井湾に開けるあたりに小屋があり、水路から小屋に上がることができた。

この小屋は床がすでに朽ちていて、崩れた壁と屋根だけが、かろうじて残っているというしろものであった。寝袋を敷き、とりあえず寝ることにした。ウシガエルの鳴き声がうるさかったが、いつしか寝入ってしまった。

翌朝、まだ陽がでないうちに起きだし、田舟でエリに向かった。すでにエリかきが始まっていた。

昨夜の産卵の様子からみて、ワタカは、エリにはいっているはずである。ずうずうしく、ワタカを分けてくれるように頼んだ。エリの漁師さんは初めて会った私に、親切にもワタカを分けてくれた。

エリには雄も雌もはいっていた。田舟の生け簀にワタカを入れて、

図9　ワタカやホンモロコの調査の時に泊った朽ちかけた小屋(友田淑郎氏撮影)

小屋に戻った。あたりが明るくなり、陽が昇ってきた。雌のお腹を搾ってみた。お腹は卵で膨れているのに、腹が堅く、卵が出てこない。やはり、畑さんの言うように、エリで採れる雌からは、卵が出ないのである。しかたなく、お湯を沸かし、カップラーメンをすすりながら、畑さんが来るのを待つことにした。

しばらくして、畑さんがやってきた。

「どやねぇ」

「ワタカは、分けてもらいましたが、やはり、雌から卵がとれませんでした」

「タツベを上げに行こぅ」

田舟にのって、ハスやマコモの間をぬって、赤野井のヨシ場に入っていく。あちこちにフナ用のタツベがしかけてあった。わざわざ、私のために、タツベを上げに来てくれた。タツベには、ニゴロブナやナマズが入っていた。そして、めざすワタカの雌も入っていた。タツベにはニゴロブナの卵がべったりと着いていた。

ワタカの雌のお腹を押さえると、黄緑色の卵が出てきた。生け簀に入れてあった雄を取り出し、ドンブリにいれた卵を受精させた。受精卵を水で洗い、シュロの皮に付着させた。私は、大喜びで、畑さんにお礼を言って、ワタカの受精卵を大学に持ち帰った。

　卵のついたシュロの皮を水槽に入れ、顕微鏡で観察してみた。どうも様子がおかしい。卵が濁って、白くなっている。ほとんどの卵が死んでしまっている。こんなことを何回か繰り返しているうちに、ワタカの産卵期が終わってしまった。結局、ワタカの発生を観察するという仕事は、その第一歩でくじけてしまったのである。

第二節　長い咽頭歯研究のはじまり

咽頭歯との出会い

ワタカの人工受精に失敗した私は、ワタカについては来年の産卵期まで待つことにして、コイ科魚類の骨格について勉強することにした。この間、集めてきたいろいろな魚について、骨格標本を作ることにした。内蔵や肉をはがし骨格をバラバラにして観察してみた。ワタカやコイのように大きなものは、それでもよかったが、タナゴやモロコなどの小さい魚は、骨が軟らかく骨格がすぐに壊れてしまう。アリザリンレッドというカルシウムを染める薬品を使うことにした。

ホンモロコの内蔵と肉をはずし、水酸化カリウムで残った軟組織を軟らかくして、アリザリンで骨格を赤く染めた。それをグリセリンというドロっとした薬品の中に入れると、軟組織が透徹され透明標本ができる。それを実体顕微鏡で観察する。いろいろな魚の骨格をスケッチしてみた。

これらの骨格を観察しているうちに、顕微鏡の視野の中で照明に反射して輝く咽頭歯の美しさに気がついた。魚のサイズのわりには、大きく、先端が白く輝き根本が赤く染まっている。機能している歯の後ろには、真っ赤に染まった歯胚があった。咽頭骨に定着した歯、空間に浮いた歯胚のあやなす立体的な配列に魅せられてしまった。

第二章　研究のはじまり

第一節　研究テーマの決定

ホンモロコの咽頭歯

コイ科の咽頭歯についての説明は、第三章第一節であらためて詳しく説明するので、ここでは、簡単に説明しておく。咽頭歯というのは、一番後ろにある鰓《えら》の骨(咽頭骨)に生えている歯のことである。魚には、顎だけではなく、口やのど(咽頭)のいろいろな骨に歯が生えている。たまたまコイ科魚類は、咽頭歯以外の歯がなく、この歯がとくに発達して大きくなっている。コイ科魚類の咽頭歯は、種類毎に形や本数が違っているのである。私は、これを研究対象にしたらおもしろそうだと考えた。そこで、骨格標本のことは脇において、咽頭歯の観察を始めた。

　バスネツォフ（Vasnecov）というロシアの魚類学者の文献が目にとまった。かれは、旧ソビエト連邦のいくつかのコイ科魚類やドジョウの咽頭歯の発生を観察し、そのデータがコイ科魚類の系統関係を解き明かす糸口になると指摘していた。研究のテーマを咽頭歯にしたらおもしろそうだ。いろいろなコイ科の咽頭歯の発生を観察し、歯の形がどのように変わって行くのかを比較してみようと考えたのは、修士過程1年目の秋のことであった。

　コイ科魚類の咽頭歯の比較発生をテーマにしたのだから、受精卵を手に入れやすいものから始めて飼育の練習をしながら比較の対象を広げていこうと考えた。来年の春に畑さんのところへいけば、ホンモロコの受精卵は簡単に手に入れることができる。まず、ホンモロコを飼育して咽頭歯の発生を観察してみようと思った。また、比較発生を研究するのであるから、コイ科の系統分類について知らなければならない。伍献文《ウーシェンウェン》先生の中国鯉科魚類志を手始めに、コイ科魚類の系統分類について勉強を始めた。

　コイ科魚類は、ユーラシア大陸、アフリカ大陸、北アメリカ大陸とその周辺の島々に、およそ２００属３０００種も分布している。淡水魚の中で非常に大きい科である。だからいくつかのグループ（亜科）にまとめられていた。伍献文先生によれば、コイ科は10ほど亜科に分けられている。その内、日本列島には、ダニオ亜科、ウグイ亜科、タナゴ亜科、クルター亜科、カマツカ亜科、コイ亜科という6つの亜科の魚が分布している。さらに自然分布ではないが、レンギョ亜科もいる。しかも、琵琶湖にこれらが全て生息している。全部の亜科ごとに咽頭歯の発生を比較すれば何かが言えそうだ。バスネツォフの考えもよりどころになって、研究テーマがだんだん明確になってきた。

ホンモロコの飼育

修士課程の2年目の春、ご無沙汰していた畑さんにモロコの卵をもらいたいと電話した。畑さんは、喜んで承知してくれた。

カナダモについた受精卵を、一抱《かか》えもある大きなプラスチック容器に入れ、バスと電車を乗り継いで大学まで持ち帰った。その頃は、京都市内にはまだ市電が走っていた。混雑した市電の中で大きな容器には往生した。しかし、ビニール袋などに入れると、卵が死んでしまうと思い、大きな容器の中に余裕をもたせてカナダモをおさめることにした。

大学に持ち帰った受精卵のついた藻を、ミジンコをわかせたコンクリート水槽とガラス水槽に分けて収容した。卵は生きている。白く濁らず、透明に光っていた。

持ち帰って、3日もすると、仔魚が孵り始めた。4～5日で、水槽の底は、真っ黒になるほど仔魚が孵っている。5㎜ほどの透明なミミズのような仔魚である。こんなにたくさんのホンモロコを飼うわけにはいかない。標本にするために、どんどんホルマリンで固定していった。

さらに数日たつと、身体の真ん中に鰾《うきぶくろ》ができ、水槽の中層に浮き上がってきた。餌を与えなければならない。動物学教室の建物の屋上には、いろいろな動物の骨格標本を作るために、骨を水にさらしてある容器がいくつも並んでいた。そこにミジンコの種を入れておいた。どの容器にもたくさんのミジンコがわいていた。孵化したばかりの仔魚には、ミジンコは大きすぎると思ったが、このグリーンの液には、他にも何か餌になるものが入っているだろうと思い、ホンモロコの水槽に、毎日この液を入れ続けた。仔魚のお腹は膨れ、何かを食べている。仔魚はだんだん大きくなり、積極的に泳ぐようになり、ミジンコを追いかけて食べるようになっていった。

ミジンコの培養、ホンモロコへの餌やり、標本の固定と忙しい1カ月がたった。7月の半ばには、ホンモロコは、鰭《ひれ》や鱗《うろこ》もでき、ホンモロコらしい姿の稚魚になった。ミジンコでは餌が足りなくなってきた。近くの金魚屋でイトミミズを買ってきて、水槽に放り込んでおいた。不器用に、イトミミズを食べている。ミジンコのように水中に浮いている餌を食べるほうが、ホン

表1　発生段階

		ステージ	各ステージの特徴
仔魚期	仔魚前期	1	大きな卵黄があり、餌は摂らない。 体の正中に膜状の膜鰭がある。 対鰭は、膜状の胸鰭があるだけで、他の鰭はない。 鰾はなく、脊索は真っすぐ。
		2	卵黄が小さくなり、餌を摂り始める。 鰾はなく、脊索は真っすぐ。
	仔魚後期	3	卵黄がなくなり、餌を摂る。 鰾ができる。脊索は真っすぐ。
		4	背鰭と尾鰭の原器ができる。 脊索の後端が上に曲がる。
		5	尾鰭に鰭条が入る。 鰾がくびれて2室になる。
		6	背鰭に鰭条が入り、臀鰭の原器ができる。
		7	体の正中にあった膜鰭は、肛門の前だけになる。 全ての鰭に鰭条がはいり、鱗が体を覆い始める。
稚魚期		8	各鰭の鰭条数、鱗の数が成魚と同じになる。

モロコにとっては得意のようである。コンクリート水槽で飼育していたものも稚魚になっていた。これらもホルマリンで固定し、受精卵から数cmの稚魚までのサンプルがやっと揃ったのである。

ホンモロコの発生

ホンモロコのサンプルを一つ一つ体長を測り、どの発育段階なのか顕微鏡のもとで、確認していった。卵黄、脊索《せきさく》、鰾、膜鰭、各鰭、鱗の状態を基準に発育段階を決めることにした。あとで、他種との比較をする場合、大きさや成長の異なる種類では、孵化後日数や体長だけでは、基準を合わせることができないと思い発育段階を確認しておこうと思った。

表1に示したように仔魚期は七つのステージに分けられる。ステージ1と2は卵黄をもつステージである。ステージ1は餌をとらない独立栄養期であるが、ステージ2から餌をとりはじめ混合栄養期になる。ステージ3からは、完全に卵黄がなくなり、自分で餌を食べなければならない従属栄養期になる。ステージ7までは、形がめまぐるしく変わる。身体は透明で、いわゆるシラスの時期にあたる。この時期を仔

魚期と呼ぶ。ステージ8から形は親の雛型になる。この時期から稚魚期である。仔魚期は、卵黄からの栄養にたよる独立栄養期と混合栄養期をあわせた仔魚前期と、従属栄養となる仔魚後期に分けられる。形がめまぐるしく変わる仔魚期の間は、咽頭歯の発生でも形がめまぐるしく変わることが予想され、標本をこまめにサンプリングした。

どうやって小さな歯を観察しようか

5㎜もない小さい仔魚の解剖をどうやろうか、咽頭歯をどのように観察しようか、具体的な方法は、見当もつかなかった。何個体も標本をつぶし咽頭歯を探したが、うまく見つけ出すことができない。そうだ、アリザリンで標本を染めてみよう。

私は、試行錯誤を繰り返し、仔魚の咽頭歯を観察しやすく、しかも容易に染色できる方法を考えた。まず、1ℓの蒸留水に10ｇの水酸化カリウムを溶かして1％の水酸化カリウム水溶液を作り、あらかじめ、アリザリンレッドをエチルアルコールに飽和させておいたものを、数㎖注いで染色液を作るのである。この染色液に、仔魚を半日から数日、浸けておくことによって、簡単に、石灰化した骨や歯の硬組織をきれいに染めることができた。

ステージ1や2では、アリザリンで染まる部位がない。ステージ3になると、肩帯（胸鰭を支える骨格）と上下の顎、それに咽頭骨が染まっていた。しめた、これで相手を見ることができる。つぎに、小さな咽頭骨を取り出す方法を考えなくてはいけない。

ピンセットの先を実体顕微鏡のもとで、砥石でとぎ、シャープに尖らせた。硬いチタンのピンセットが顕微鏡の視野の中では、まるでアルミ箔のようだ。しかもピンセットの先は、仔魚の咽頭歯より大きい。

そこで、電極として細胞に挿すタングステンの針を利用することにした。タングステンの針を、融解した水酸化ナトリウムの中に浸し、先端を1μm以下に尖らせた。そのタングステン針を、直径数mmのガラス管にいれ、パラフィンで固定し、持ちやすいように工夫した。細いピンセットとタングステン針が私の武器となった。

軽くピンセットで押さえても標本は傷つき壊れてしまう。仔魚の身体を押さえ、鰓蓋をはがし、鰓を取り除く、淡い赤色に染まった咽頭骨を、上手に壊さないように取り出す。咽頭骨の端の方を軽くピンセットでつまみ、呼吸を止め、神経を針の先に集中させる。咽頭歯の間にある粘膜などの軟組織を針ではずしていく。軟組織の中に浮いている歯胚を動かさないように、できるかぎり軟組織をはずしたら、グリセリンに浸ける。軟組織がみるみるうちに透明になり、咽頭骨に植立した歯が見えてきた。三本の歯が咽頭骨に定着している。小さな歯胚がもう一つ見える。歯の形は、ホンモロコの成魚のものとは全く違い、先が後方にまがった円錐状の歯である。これで咽頭歯を観察していくめどがたった。

初めて見た咽頭歯系の発生

卵黄が吸収された仔魚（ステージ3）から、ホルマリンで固定された標本を次々に、アリザリンで染色していった。ホンモロコの仔魚の骨格が、発生にともなって石灰化していく様子がわかった。泳ぐためと摂餌にかかわる部分から石灰化が始まっている。神経を保護する頭蓋や脊柱の石灰化は遅れ、稚魚期になって完成する。

いろいろな骨格が石灰化してくると咽頭骨を取り出すのが容易になる。ところが、歯の本数が増え、どう並んでいるのかちっともわからない。少なくともホンモロコの成魚のように片側の咽頭骨に二列に並んでいるのとは、まったく違う。バラバラに並んでいるのである。これは困った。

コイ科魚類成魚の咽頭歯系は、ふつう片側に一～三列に並んでいる。一番大きい歯が並んでいるのは内側《ないそく》の列で、これを主列と呼んでいる。その他の

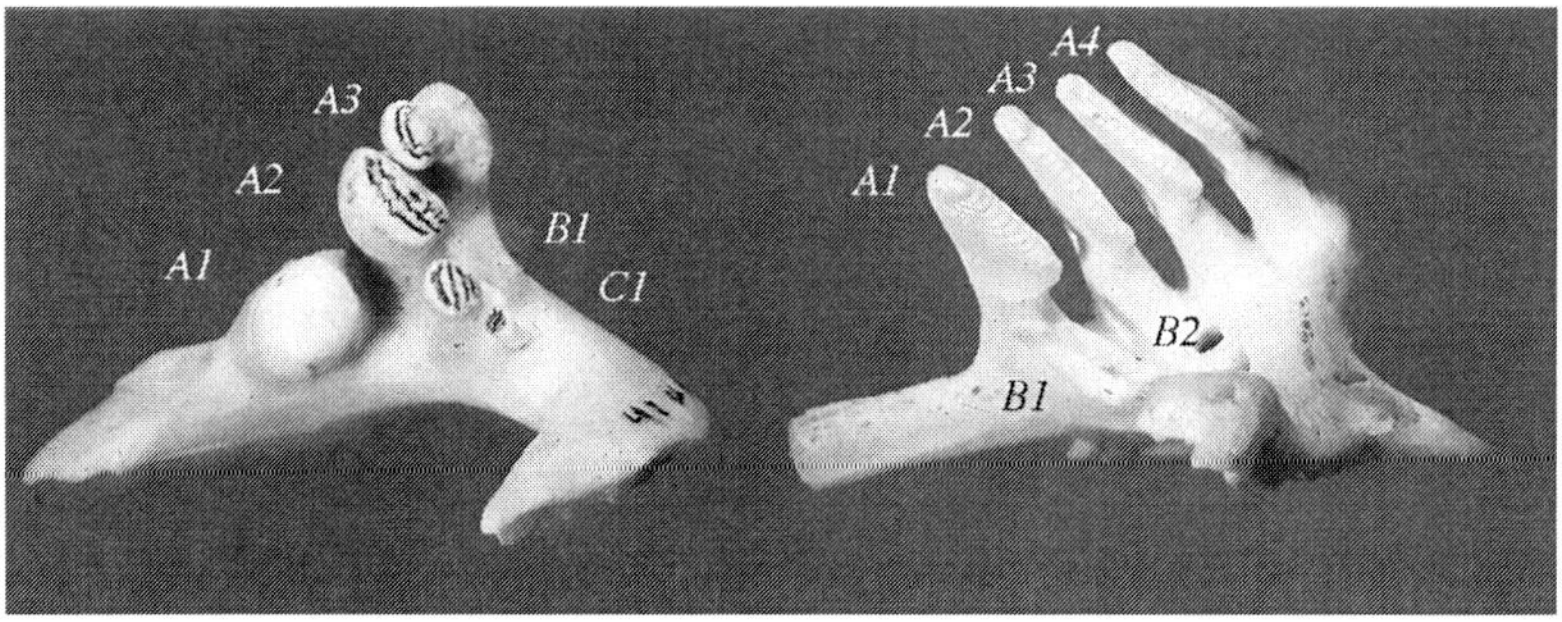

図10　コイとソウギョの左側咽頭歯系

コイ(左)では3列5歯、ソウギョ(右)は2列6歯が見られる。図中のA1、A2などの表記は、A1歯、A2歯という意味であるが、正しくはA1、あるいはA2の位置に生えている歯という意味である。各図とも左が前方。(中島, 2005)

外側《がいそく》の歯列には、ふつう小さな歯が並んでいて、これらの歯列を副列と呼んでいる。さらに、歯の位置を決める用語として、内側から順にA列、B列、C列と呼び前方から1, 2, 3と番号を付けることになっている。A1歯は主列の一番前の歯になる。

歯は多生歯性で、一生の間に何回も生え変わる。したがって、成魚の咽頭骨を取り出すと、定着している歯とともに、軟組織の中に埋まった代生歯(交換歯)の歯胚がある。機能歯と代生歯は歯堤でつながっている。そのため、機能歯のすぐ内側に位置している。副列歯の代生歯胚は、主列と副列の間に形成される。

仔魚の咽頭歯系の歯胚は、定着している歯の最内側に位置している。たくさんの歯が並んで、歯列のようなものができているが、これは、本当の歯列ではなく機能歯とその代生歯が同時に咽頭骨に定着しているのだろうと考えた。でもこのごちゃごちゃの歯の並び方をどのように解釈したらよいのだろうか。あらためて歯の並び方をよく観察してみることにした。

どうも歯は乱杭の並んでいるようである。最初は一本、その次は、その前後の位置、その次は、また前後の位置に、歯胚が形成される。そして、歯胚は必ず定着している全ての歯の内側に現れる。この時、私はふと、輪読会で勉強したホルステッド（Halstead）の「脊椎動物の進化様式」の中で解説されていたエドマンド（Edmund）の説を思い出した。

ホルステッド「脊椎動物の進化様式」を使った勉強会で、私は、哺乳類様爬虫類の章が当たっていた。その章の中で、多生歯性で後方位から歯の交換が進む爬虫類型から、貧生歯性（歯の生える回数が少ない歯系）で前方位から歯が生える哺乳類型へ変わる様子をエドマンドの研究を引用しながら、解釈していた。この話は少し難解なので、説明はコラム「エドマンドとオズボーンの説」にまとめたので、とばして次に進むことにする。

ホンモロコの咽頭歯の発生

雑然としていたホンモロコの仔魚の咽頭歯系が、エドマンドの論文で記述されていた爬虫類の歯の交換を参考することによって、すっきりとしてきた。咽頭歯系の初期の発生では、最初に一歯、次に前後の位置に二歯、次に最初の位置と一つ置いた位置に二歯というように歯胚が現れている。ごちゃごちゃに見えた仔魚の咽頭歯系に、一つ置きの位置に歯胚が現れる歯の列が見えてきた。しかも、歯胚の大きさから見て、後方から前に向かって歯胚が現れている。これは、爬虫類で見られるのと同じ歯胚の現れ方をしているのだとわかった。それならもう少し整理してホンモロコの仔魚の咽頭歯系を見直してみようと思った。

前にも話したが、ホンモロコの場合、成魚の歯系は二列で、A列とB列がある。A列に五歯、B列に三歯が片側の咽頭骨に並ぶ（図19参照）。仔魚の歯系も複数列に配列しているが、時期によって、一から四列とまちまちである。歯胚の現れ方も、成魚の歯系の歯胚の現れ方と違っている。成魚では、各列の歯の代生歯は、それぞれの列のすぐ内側に形成される、すなわち、B列歯の代生歯胚は、A列とB列の間に現れる。ところが、仔魚では、歯胚は、定着している全ての歯の内側に形成される。

成魚の咽頭歯系と同じように歯の位置に名前をつけるわけにいかない。そこで、最初に現れる歯の位置を基準にとり、その前後に番号を付けていこうと考えた。最初に現れる歯の位置をCe0とし、それより後方の位置は、後方に向かって順に、Po1, Po2, Po3,…とし、前方の位置は、前方に向かってAn1, An2, An3,…とした。実際に、ホンモロコの仔魚では、Po1, Ce0, An1, An2, An3の位置に歯胚が現れた。偶数位に歯胚を現す歯列と奇数位に現すものが交互に現れる。

もう少し詳しくホンモロコの咽頭歯系の発生を観察してみることにした。図11をみながら説明する。体長が5㎜ほどの時に、Ce0、Po1、An1の位置

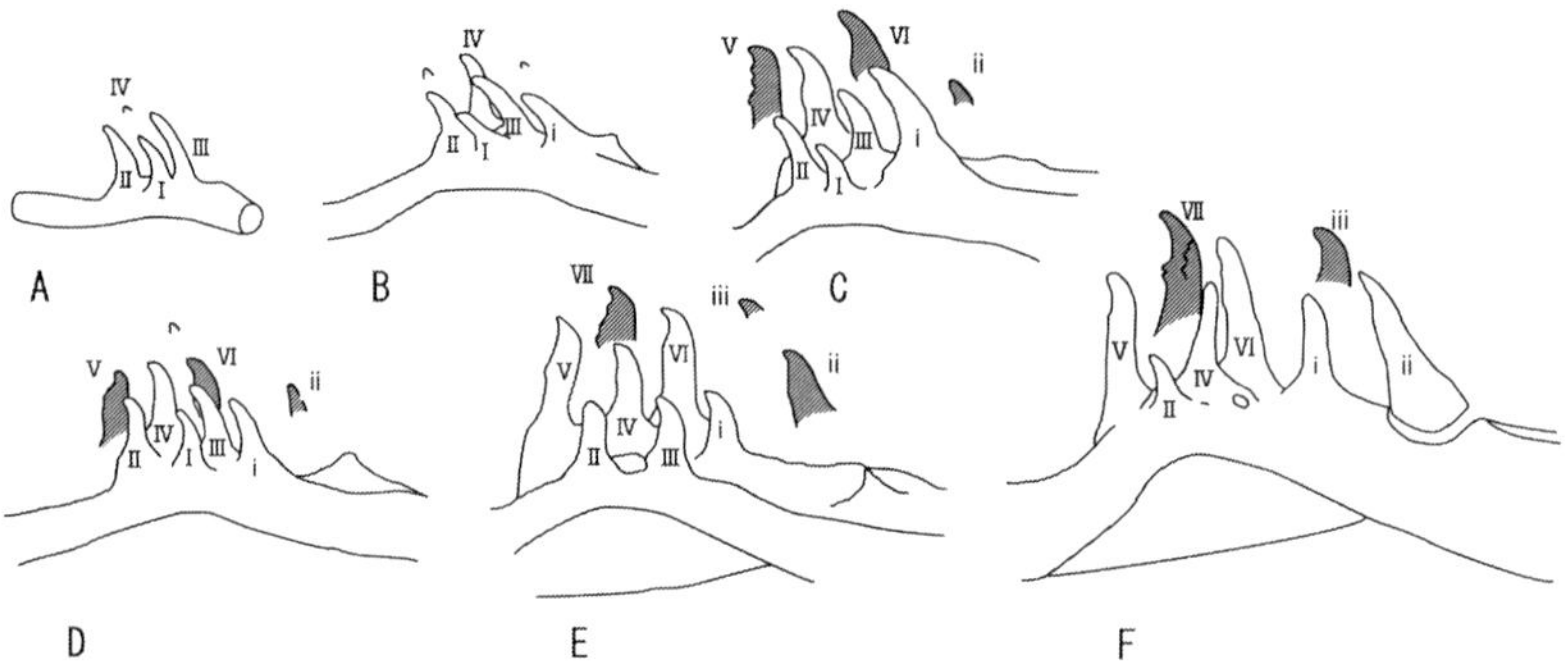

図11　ホンモロコの仔魚の右側咽頭歯系の発生
網掛けは、歯胚で咽頭骨に定着していない。歯の番号については、表1を参照。
各図とも外側観で右が前方。（Nakajima, 1979）

に三歯（Ⅰ歯、Ⅱ歯、Ⅲ歯）が定着していて、Ce0の位置に歯胚（Ⅳ歯）が見える（図11A）。7㎜ほどになると、Ce0の位置のⅣ歯とAn2の位置のi歯が定着し、Ⅱ歯の代生歯であるⅤ歯の歯胚、Ⅲ歯の代生歯であるⅥ歯の歯胚、An3の位置の最初の歯であるii歯の歯胚が見られる（図11C）。体長が10㎜ほどになると、Ⅰ歯が脱落し、Ⅴ歯、Ⅵ歯が定着し、Ⅳ歯の代生歯であるⅦ歯の歯胚やii歯の歯胚が大きくなり、i歯の代生歯であるiii歯が現れる（図11E）。体長が12㎜ほどになると、Ⅲ歯も脱落し、Ⅶ歯、iii歯の歯胚も大きくなり、ii歯は定着寸前である（図11F）。わかりづらい説明だったので、歯の平面的分布を図12に示した。仔魚期の各歯列は、同世代の歯の列で、一つ置きの位置に後ろから前に向かって歯胚が現れている。一見、ゴチャゴチャに見えたホンモロコの仔魚の歯の並び方が、規則的であることがわかった。

仔魚と成魚の咽頭歯系

歯の形の変化を見ていくためには、仔魚の咽頭歯系の個々の歯に、名前か番号を付けて区別しておく必要がある。成魚になると何回歯が交換したか分からないのでしかたがないが、仔魚期の間は、区別をつけなけ

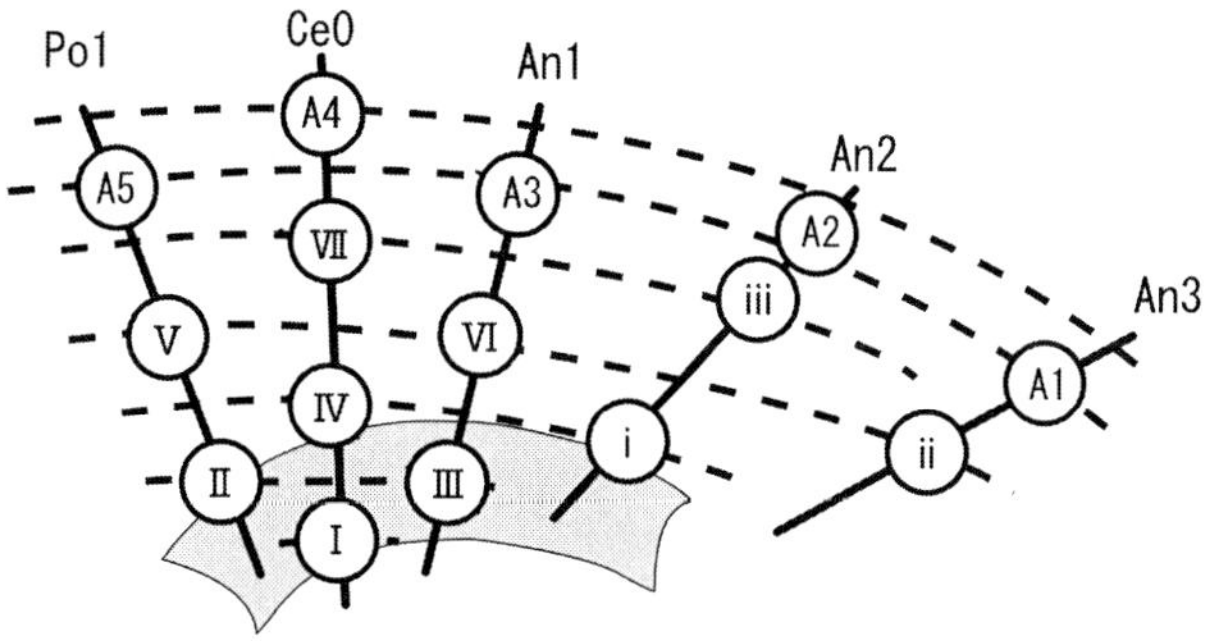

図12　ホンモロコの仔魚における右側咽頭骨上に現れる歯の平面分布
これらの歯が全て同時に定着することはない。図11のＡからＦの各図の咽頭歯系からこの分布図を描いた。実線は歯族または位置を表し、破線は世代を表す。奇数位と偶数位の世代が交互に現れる。網掛けした部分は最初の咽頭骨。咽頭歯系の発達にともない咽頭骨は内側に拡大していく。図の上が内側、右が前方。(Nakajima, 1979)

ればならない。そこで、ｒ番目の位置の、ｎ番目の世代の歯について、

$_{n-1}[r]$

とすることにした。最初に現れる歯は、$_{0}$[Ce0]となる。ホンモロコの仔魚の全ての歯についてこれで区別することができる。

さて、仔魚と成魚の咽頭歯系が違うことがわかった。ホンモロコの場合、どちらも複数列に並んでいる。しかし、仔魚の場合、本当の歯列ではなく、これは、同一世代の歯が並んだ「歯列」で、複数列に見えるのは、機能歯と代生歯が同時に定着しているためにできたものである。仔魚期は、咽頭骨がどんどん生長していくので、内側に代生歯ができあがっても定着する場があり、機能歯が脱落することなく同時に機能することができるからである。では、どのようにして成魚の咽頭歯系になるのだろうか。これは言い換えれば、コイ科魚類成魚の歯列はどのように形成されるのだろうかという問題でもある。

仔魚期の終わりから稚魚期の初めにかけての時期に、最内側に定着している歯よりも外側に小さな歯胚が現れてきた。その歯胚が定着すると、すでに定着していた歯との区別が難しくなり、外側の歯の同定が難しくなる。それと同時に、最内側の世代の異なる五つの歯と歯胚($_{5}$[Po1],

表２　ホンモロコ仔魚における個々の歯の名称と成魚の歯との関係

図11～13での表記	個々の歯の名称	成魚の歯系での位置
I	$_0$[Ce0]	A4
II	$_1$[Po1]	A5
III	$_1$[An1]	A3
IV	$_2$[Ce0]	A4
V	$_3$[Po1]	A5
VI	$_3$[An1]	A3
VII	$_4$[Ce0]	A4
VIII	$_5$[Po1]	A5
IX	$_5$[An1]	A3
X	$_6$[Ce0]	A4
i	$_2$[An2]	A2
ii	$_3$[An3]	A1
iii	$_4$[An2]	A2
iv	$_5$[An3]	A1
v	$_6$[An2]	A2

$_6$[Ce0], $_5$[An1], $_6$[An2], $_5$[An3]、図12のA5からA1）が、多少乱杭であるが、一列に並んでいるように見える。

成魚の主列（A列）は五歯、そうだこれが主列にあたるのだとわかった。事実、歯の交換パターンは成魚の主列の交換パターンにそのまま引き継がれ、仔魚の咽頭歯系と同様に、後方からから前方に向かって一つ置きの位置で交換している。

すると、外側に現れた小さな歯胚は、副列（B列）のものなのだ。仔魚の咽頭歯系の歯は、主列歯で、副列のものが現れていないことになる。しかも、歯列のように見えた歯の配列は、同世代の歯の並びであって、成魚の咽頭歯系で見られる歯列ではないことがわかった。

私は、機能歯と代生歯の列で複数列になっている仔魚の咽頭歯系を仔魚歯系、稚魚期にできあがる複数の世代の歯からなる歯列をもつ咽頭歯系を成魚歯系と呼ぶことにした。そして、最初の副列歯の歯胚が現れ、副列が形成されるまでの間を移行歯系と呼ぶことにした。

エドマンドとオズボーンの説

ホルステッド「脊椎動物の進化様式」を使った勉強会で、私は、哺乳類様爬虫類の章が当たっていた。その章の中で、爬虫類の後ろから歯が交換する多生歯性（何回も歯が生える歯系）から、哺乳類の前から歯が現れる貧生歯性（歯の生える回数が少ない歯系）に変わる様子を、エドマンドの研究を引用しながら、解釈していた。

エドマンドは、顎の先端から歯堤にそって伝わる「刺激」を仮定した。その刺激が歯の位置に到達すると歯胚の発生が促されるというものであった。同一の「刺激」によって発生が促される一連の歯群をツァーンライへ（Zhanreihe: 歯列という意味）と呼んだ。彼の説によれば、r番目の位置に、n番目のツァーンライへによって、歯胚が発生を始める時刻は、

$$T=T_0+(n-1)y+(r-1)x \quad (1)$$

で与えられる。T_0は定数、xは隣接する歯の位置の間を刺激が伝わるのに要する時間、yは顎の先端で連続的に生じる「刺激」の時間的間隔である。ここで仮に$T_0=1$、$x=1$、$y=2$という時間のユニットを代入すれば、各位置における各ツァーンライへによる歯胚の発生時刻は38頁の上の図に示すようになる。この図で、仮に幼体の発生時間が15.1ユニット経過した時刻の各位置の一番若い歯胚を網掛けした。その歯胚が発生を始めてから時間を見てみると一つ置きの位置に、同じ発生時間を経過した歯胚が並んでいることが分かる。次に、$y=2.5$で計算してみると、下の図のようになる。同様に考えると、歯胚は、一つ置きの位置に後方から前に向かって歯胚が現れているようになる。つまり、「刺激」が発せられるリズムの時間のユニットyの値が変わることによって、交換パターンが、変わるというものである。$y=2$の場合は、サメ型の水平交換パターンになるし、$y>2$の場合、爬虫類型の後方から前へ、$y<2$の場合、哺乳類型の前方から後ろへとなると説明した。

では、ホンモロコではどうであろうか。最初に一歯、次に前後の位置に二歯、次に最初の位置と一つ置いた位置に二歯というように歯胚が現れている。ごちゃごちゃに見えた仔魚の咽頭歯系に、一つ置きの位置に歯胚が現れる歯の列が見えてくる。しかも、歯胚の大きさから見て、後方から前に向かって歯胚が現れている。これは、爬虫類で見られるのと同じ歯胚の現れ方をしているのだとわかった。

ホンモロコの仔魚の咽頭歯系の歯胚の出現パターンは、エドマンドの説（ツァーンライヘ説）で解釈できた。しかし、どうもそう簡単に説明しきれるものではないように思えた。まず不都合な点がいくつかある。顎（咽頭骨）の前端から「刺激」が伝わり、歯胚の発生が促されるというが、その刺激の実体がわからない。また、ホンモロコの仔魚の歯系の場合、最初に歯が現れるのは後方の位置である。確かに、最初の歯が形成されるころは、前方位のところの咽頭骨が形成されていないのだから、歯が発生しても定着する場所がない。刺激が前方から伝わっても、歯胚は発生しないと解釈すればよいと思いつつ、釈然としない。

歯の位置（r）	1	2	3	4	5	6	7	8	9	10	11	12	13	14
ツァーンライヘ（n）														
1	1	2	3	4	5	6	7	8	9	10	11	12	13	**14**
2	3	4	5	6	7	8	9	10	11	12	13	**14**	**15**	16
3	5	6	7	8	9	10	11	12	13	**14**	**15**	16	17	18
4	7	8	9	10	11	12	13	**14**	**15**	16	17	18	19	20
5	9	10	11	12	13	**14**	**15**	16	17	18	19	20	21	22
6	11	12	13	**14**	**15**	16	17	18	19	20	21	22	23	24
7	13	**14**	**15**	16	17	18	19	20	21	22	23	24	25	26
8	**15**	16	17	18	19	20	21	22	23	24	25	26	27	28
9	17	18	19	20	21	22	23	24	25	26	27	28	29	30
萌出後の時間	0.1	1.1	0.1	1.1	0.1	1.1	0.1	1.1	0.1	1.1	0.1	1.1	0.1	1.1

「顎の先端で連続的に生じる「刺激」の時間的間隔」であるyの値が2のとき、歯は一つ置きの位置で交換のタイミングが同じ水平交換となる。

歯の位置（r）	1	2	3	4	5	6	7	8	9	10	11	12	13	14
ツァーンライヘ（n）														
1	1	2	3	4	5	6	7	8	9	10	11	12	**13**	**14**
2	3.5	4.5	5.5	6.5	7.5	8.5	9.5	10.5	11.5	12.5	**13.5**	**14.5**	15.5	16.5
3	6	7	8	9	10	11	12	**13**	**14**	**15**	16	17	18	19
4	8.5	9.5	10.5	11.5	12.5	**13.5**	**14.5**	15.5	16.5	17.5	18.5	19.5	20.5	21.5
5	11	12	**13**	**14**	**15**	16	17	18	19	20	21	22	23	24
6	**13.5**	**14.5**	15.5	16.5	17.5	18.5	19.5	20.5	21.5	22.5	23.5	24.5	25.5	26.5
7	16	17	18	19	20	21	22	23	24	25	26	27	28	29
8	18.5	19.5	20.5	21.5	22.5	23.5	24.5	25.5	26.5	27.5	28.5	29.5	30.5	31.5
9	21	22	23	24	25	26	27	28	29	30	31	32	33	34
萌出後の時間	1.6	0.6	2.1	1.1	0.1	1.6	0.6	2.1	1.1	0.1	1.6	0.6	2.1	1.1

yの値が2より大きい場合、この図では2.5としたとき、歯は一つ置きの位置で後ろから前に向かって交換する。この交換は多くの爬虫類やコイ科の咽頭歯の場合である。

　歯の交換についての文献をいろいろあさってみることにした。ハチュウ類の顎歯に関するいろいろな文献がみつかった。その中にオズボーン

(Osborn)の文献があった。オズボーンの説を理解しやすくするために一般的な歯の発生について説明しておく。

動物のいろいろな器官は、異なる細胞群どうしのやりとりで発生が進行していく。歯の発生も同じで、神経冠細胞が間葉細胞として、顎や咽頭部の将来歯ができる部位に移動して来る。そして、その部位の上皮細胞に働きかけることから発生が始まる。働きかけられた上皮の細胞は、瘤状の細胞の集まりになり、こんどは逆に、間葉細胞に働きかけ、細胞の集まりができる。瘤状の上皮の細胞は、エナメル質(魚類の場合、エナメロイド)をつくるエナメル芽細胞になり、集合した間葉の細胞は、歯質(象牙質)を作る象牙芽細胞になる。

オズボーンの考えは、こうである。神経冠細胞が顎に移動してきて上皮に働きかけるが、上皮がその働きかけを受けられる状態になっていない時は、歯の発生が起こらない。受け入れ体制ができてから歯の発生がおこる。上皮の発生能は前後に広がっていくが、今度は、発生途中の歯胚は、その周囲に新たな歯胚が発生することを阻害する。歯胚の発生が進むに連れて、その阻害が減少するというものである。発生能の拡大と阻害の拮抗から、次の歯胚は、最初の歯胚の前後に現れる。神経冠細胞は、後方から領域に入ってくるので、後方位の歯胚が早く現れる。その後はそのパターンが引き継がれていくために、一つ置きの位置に後方から前に向かって、歯胚が現れるわけである。

これで、上手にホンモロコの歯胚の現れ方を説明することができるのである。神経冠細胞が咽頭の領域に移動してくるが、上皮側に能力のないうちは、歯胚の発生が起こらない。Ce0の位置の上皮が歯胚の発生能力を初めてもち、そこで、歯胚が発生を始める。その歯胚は周囲の発生能を阻害するので、Ce0の位置には歯胚が発生しない。上皮の歯胚発生能は、前後に拡大し、阻害の領域が縮小していくことによって、その前後のPo1とAn1の位置に二つの歯胚の発生が始まる。神経冠細胞は、後方から移動してくるので、後方位のPo1の方がやや早く歯胚の形成が始まる。Ce0の位置の歯胚が大きくなり、阻害が減少すると、内側にその代生歯胚の発生が始まる。上皮の発生能が後方へは拡大せず、前方のみに広がるから、新たにAn2の位置に歯胚が現れる。

このように解釈することができる。

第二節　修士論文とそれからの展開

いろいろなコイ科の咽頭歯系の発生をみてみよう

ホンモロコの咽頭歯系の発生を中心にして、修士論文をまとめることにした。2年間の区切りの中で、結果を出すことができ、内心うまくいったと思った。「ホンモロコの咽頭歯系の発生と歯の交換パターン」という題で、論文を投稿した。しかし、私が本来調べたかった歯の形の変化については、まだ手が付けられていない。初めの頃の咽頭歯は、円錐歯で、それに咬合面ができ、それが広がっていくことは分かった。しかし、光学顕微鏡での観察では、はっきりわからない。動物学教室にはまだ走査型電子顕微鏡がなく、細かな形態を観察することができない。走査型電子顕微鏡で観察しなければ、バスネツォフの時代と大差ない。私は、とりあえず、歯の形態変化の研究はあきらめることにした。

当時、コイ科魚類の進化を、咽頭歯の配列から議論する古典的な考えがあり、その問題が解決されないでいた。

一つは、単数列のものが原始的という考えである。これは、アメリカの魚類学者のリーガン(Regan)などが主張していた考えである。コイ科と近縁なドジョウ科やサッカー科の咽頭歯系が、単数列でしかも、咽頭歯の形態が単純で本数が多く原始的なため、単数列から複数列のものが進化したというものであった。

もう一方は、複数列のものが原始的であるというものであった。中国の朱《チュ》元鼎《ユャンツェン》は、さまざまなコイ科の咽頭歯を比較して、三列のものから歯列の退化が起こったと結論していた。また、単数列の成魚歯系を持つものも、仔魚期には複数列であることから、バスネツォフは複数列のものが原始的で、それから単数列は進化したと結論していた。

走査電顕を、ないものねだりをしてもしかたがない。とりあえず、いろいろなコイ科魚類の歯胚の現れ方を観察してみよう。単数列が原始的か、複数列が原始的か結論を出してやろう。標本をとっておけば、後で使える。また、仔魚歯系の歯を同定しておけば、形態の変化を見るのにも役立つ。

仔魚歯系と成魚歯系

学位論文のデータをとるために、私は集めたシリーズ標本を、次々に調べていくことにした。前にも話したが、仔魚歯系は、交換を通じて成魚歯系の主列になるから、主列歯の本数の違いは、仔魚歯系の時に既に現れるはずである。この問題をまず解決することにした。

成魚歯系の主列歯が四本のニゴロブナでは、仔魚歯系のAn3の位置に歯胚があらわれてこない。フナの成魚歯系のA1の位置は、仔魚歯系のAn2の位置なのだと分かった。すると、主列歯の本数が異なる場合、同じA1あるいは、A2といっても本当は違う位置を同じ名前でよんでいるのだということになる。

主列歯が三本しかないコイではどうだろうか、コイの仔魚歯系はニゴロブナのものと全く同じで、Po1, Ce0, An1, An2の位置に歯が現れてくる。ではどうして三本になるのだろうか、コイの場合、副列の歯が現れた後、すなわち稚魚になった時に、Po1の位置の代生歯が現れずに、機能していた歯が脱落してしまい主列歯が三本になるのである。このことは鶴見大学の小寺春人さんが明らかにした。

成魚歯系の主列と仔魚歯系の関係がわかってきた。その関係を表3に示す

表3　仔魚と成魚の歯の位置

仔魚歯系での歯の位置		Po1	Ce0	An1	An2	An3
成魚歯系での歯の位置	クセノキプリス類のように主列が6歯や7歯	A7	A6	A5	A4	A3
		A6	A5	A4	A3	A2
	ホンモロコのように主列が5歯	A5	A4	A3	A2	A1
	フナのように主列が4歯	A4	A3	A2	A1	
	主列が3歯のコイの場合	(A4)	A3	A2	A1	

ことにする。表から分かるように主列歯が四本の場合と五本の場合では本来の位置と名前とが一致していない。Ce0の位置が、A4であったりA3であったりするのである。

これで話は解決したように見えたが話は単純ではなかった。ウグイやハスの仔魚歯系を見ていくと、どうも歯の現れ方がおかしい。An2とAn3の位置に歯が現れたり現れなかったりするのである。この変異によって、仔魚歯系は図13に示す四つのタイプに分けることができる。この変異は種の違いによって、あるいは種内の変異として現れることもある。表4に、仔魚歯系のタイプと仔魚歯系の位置の数、それに成魚歯系の主列歯の歯数（位置の数）を示した。タイプが種内で変異するもの、そうでないものがあることがわかる。仔魚歯系に種内変異が生じるものでは、主列歯数にも種内変異が生じている。

ところで、仔魚歯系の位置数と主列歯数は、当然ながら一致していた。コイの場合は特別で、先に説明したように、主列歯の数は最初四歯で、最後方位のPolの位置の歯胚が現れずに、すぐに三歯になるのである。

しかし、仔魚歯系の歯の現れ方に変異があるといっても、Pol, Ce0, An1の三つの位置では、どのタイプでも変異が生じない。そこで、この三つ位置の歯を中央歯、変異が現れるAn2とAn3の二つの位置の歯を前方歯と呼ぶことにした。

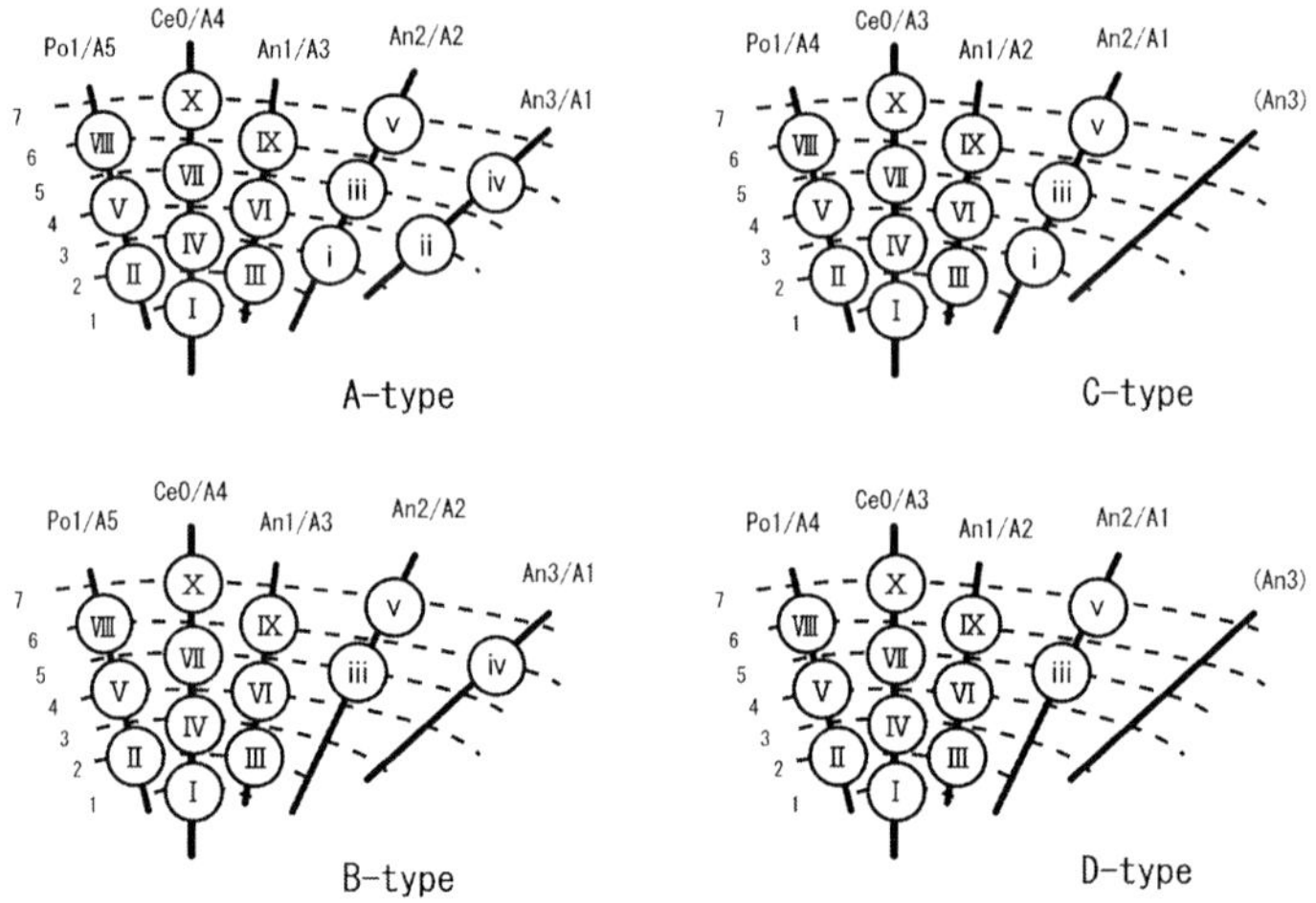

図13　コイ科の仔魚でみられた咽頭歯系の変異
AタイプとBタイプは5つの歯族があり、CタイプとDタイプは4つの歯族からなる。また、BタイプとDタイプはAn2やAn3の位置(歯族)の最初のいくつかの歯が出現しない。(Nakajima, 1984)

表4　仔魚と成魚 (Nakajima, 1984)　　歯式の説明は56および70頁参照

種類	仔魚歯系のタイプ（頻度:%）	仔魚歯系の位置数	成魚歯系の歯式	主列の歯数
オイカワ	A, B, CまたはD	4または5	2(1).4(3).5(4)-4(5).4(3).2(1)	5(4)-4(5)
ハス	A, B, CまたはD	4または5	2(1).4.5(4)-4(5).4.2(1)	5(4)-4(5)
ソウギョ	B-D (50.0)	5-4	2.4(5)-5(4).2	4(5)-5(4)
	D-B (66.7)	4-5		
	D-C (33.3)	4-4		
ウグイ	B-D (79.6)	5-4	2.5(4)-4(5).2	5(4)-4(5)
	C-D (16.7)	4-4		
	D-D (4.3)	4-4		
ホンモロコ	A-A (100.0)	5-5	3.5-5.3	5-5
カマツカ	A-A (100.0)	5-5	2.5-5(4).2	5-5(4)
ビワヒガイ	A-A (86.7)	5-5	5(4)-5	5(4)-5
	B-A (13.3)	5-5		
ムギツク	A-A (100.0)	5-5	5-5	5-5
モツゴ	A-A (100.0)	5-5	5-5	5-5
ニゴイ	B-B (66.7)	5-5	1.3.5-5.3.1	5-5
	A-B (33.3)	5-5		
コイ	C-C (100.0)	4-4	1.1.3-3.1.1	3-3
ニゴロブナ	C-C (100.0)	4-4	4-4	4-4

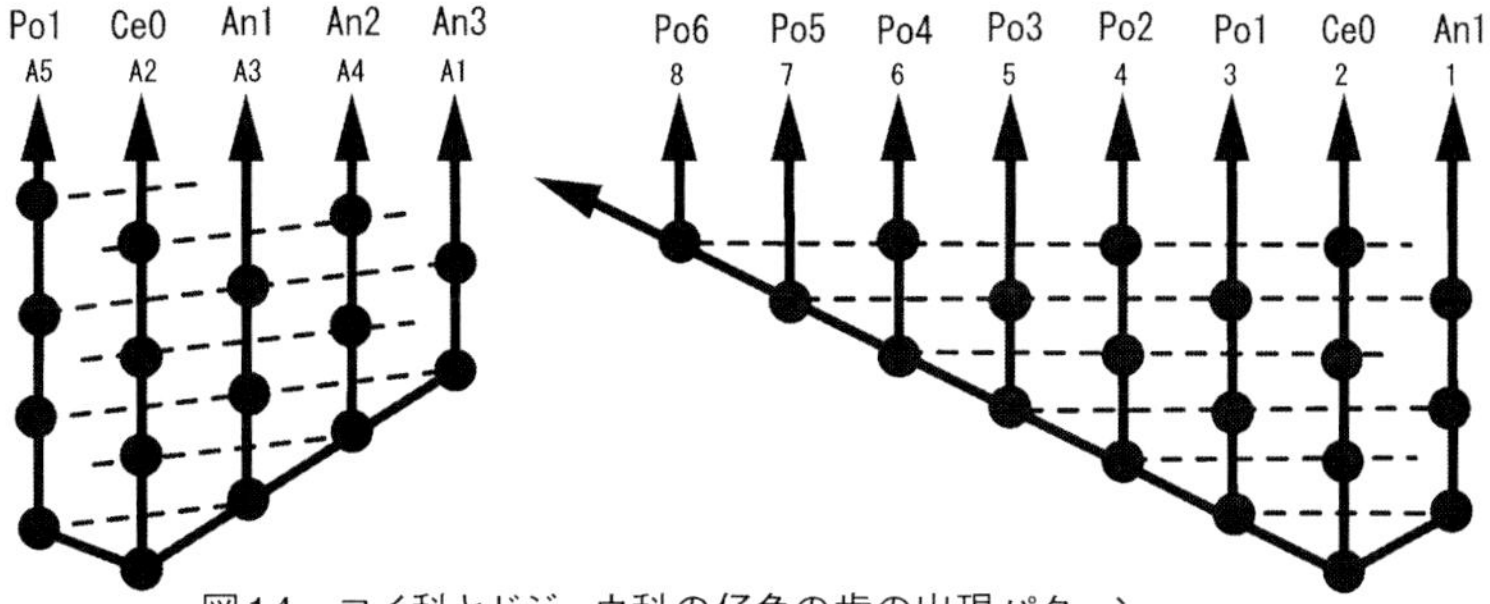

図14　コイ科とドジョウ科の仔魚の歯の出現パターン
コイ科では最初の歯 $_0$[Ce0] から前方に歯の位置(歯族)が増加、ドジョウ科では後方に増加していく。(Nakajima, 1987)

ドジョウ仔魚の咽頭歯系

コイ目の咽頭歯系の進化を明らかにするための仕上げのデータをとらなければいけない。ドジョウについても同じように咽頭歯系の発生を歯胚の出現パターンから調べることにした。

ドジョウの仔魚の咽頭歯の現れ方も最初はコイ科のものと変わりなかった。最初の歯は一本で次にその前後に一本ずつ。これらの歯は、第一世代の$_0$[Ce0]、第二世代の$_1$[Po1]と$_1$[An1]である。その次の世代の歯の現れ方がコイ科とは違っていたのである。コイ科では$_2$[Ce0]と$_2$[An2]が現れるが、ドジョウでは$_2$[Ce0]と$_2$[Po2]が現れたのである。シマドジョウでも同じ結果が得られた。コイ科とドジョウ科では咽頭歯の生歯領域が違うことがわかったのである。つまりコイ科では歯の生える領域が中央歯から前に向かって拡大するが、ドジョウ科では中央歯から後ろへ向かって拡大するのである。さらにドジョウ科の仔魚では咽頭骨の内側への生長が顕著ではないので、最初は複数列に並んでいるように見える歯がすぐに歯列を形成してしまい単数列のドジョウの咽頭歯系になってしまう。

ドジョウ科とコイ科の咽頭歯系の発生の違いはどうして起こるのだろうか。

疑問がまた広がってきた。私は、このことを両グループの咽頭骨の違いによるものだと解釈した。コイ科魚類の咽頭骨は、最初の歯が生える位置から強く湾曲し、背側に向かって伸びている。この部分は咽頭骨の後枝と呼ばれ、咽頭骨を背側に引き上げたり、後方へ引く頑丈な筋肉の付着部になっている。そのために、コイ科魚類では、後方に歯を増やすことができずに前の方に歯を増やしていく。しかし、前方では左右の咽頭骨が会合するために限りがあり歯の本数を増やすことができない。したがって、一般には、一列に五歯までとなっている。

一方、ドジョウ科では咽頭骨が屈曲することなく、後方外側へ伸びていくため、ドジョウ科の咽頭歯系は後方へ向かって歯の本数を増やしていくのである。稚魚期になっても、どんどん歯の本数を増やしていくので、外側に仔魚歯系と別の系である副列を形成する必要もなく、一列のままで一生を終わるのである。

コイとドジョウの進化

コイ科とドジョウ科の咽頭歯系の発生が明らかになって、咽頭歯系の発生から見たコイ目魚類の進化を議論できるようになった。もともとの祖先型では、咽頭歯は、最初の位置から前後に歯の位置を増やしていく。そして、従来からの機能歯と代生歯からなる歯列が一つ置きの位置に並ぶ複数列の歯系が祖先型と考えられる。実はサメの歯系で見られる歯列はこれにあたる。

それから、ドジョウ科では、歯の位置を後方に増やしていくことで、機能歯と代生歯を同時に機能させることをやめていった。一方、コイ科では後方に歯の位置を増やせないので前に歯の位置をつけ加えていくことになったが、左右の咽頭歯の込み合いから、前方への位置の増加にも限界がある。そこで、機能歯と代生歯を同時に働かせることによって、歯の本数を増やすようにしたのである。しかし、仔魚期の初めに生えていた小さな歯は、だんだん役にはたたなくなるので、新しい系の副列を作り出していったのである。

だとすると、バスネツォフが主張していたコイ科魚類の仔魚が複数列の歯をもつことから、コイ科の複数列の咽頭歯系が原始的なものという仮説は、仔魚期の複数列と成魚の複数列はまったく違うのであるから、間違っていることになる。また、リーガンが述べたように、ドジョウ科やサッカー科の本数の多い咽頭歯系が原始的であるというのも、原始的な特徴を早くに捨てて特殊化した咽頭歯系になる。コイとドジョウは別の道にそれぞれ進化していったのだとわかった。

私は、大学院での研究1年目に畑さんと出会い、ワタカをはじめとする琵琶湖の魚についていろいろなことを教えていただいた。そのことによってホンモロコという魚に出会い、コイ科の咽頭歯系の発生を観察することになった。これをきっかけとして、咽頭歯との長いつきあいが始まったのである。

第三章　研究の本格化

第一節　咽頭歯とコイ科

歯科大学への就職

大学院を修了して、いつまでもオーバードクターで大学院に在籍するわけにはいかない。コイ科の咽頭歯の研究が続けられる研究機関に、なんとか就職したいと考えていた。そんな折り、大学院の先輩から岐阜歯科大学（現在の朝日大学）の口腔解剖学教室で教員を探しているという話が舞い込んできた。早速、コイ科の咽頭歯の研究ができるかを聞きに、岐阜まででかけることにした。歯の研究であれば構わないという返事。歯学部には当然ながら走査型電子顕微鏡が設置されている。夢にまでみた歯の形態やその発生を観察することができる。就職を決意した。

岐阜歯科大学では、解剖学実習と講義の一部を受け持ちながら、コイ科の咽頭歯の研究を続けることになった。解剖学実習といっても、口腔解剖学教室なので、人体解剖を扱うわけではない。歯の形態や組織を認識するための実習をおこなった。一つの実習はカービング実習、つまり石膏棒にカービングナイフを使ってヒトの歯を彫刻する実習、もう一つの実習は歯や周辺の組織切片を顕微鏡で観察し、それをスケッチする実習である。ヒトの歯を対象とした写実的な彫刻と絵画の実習ということになる。

また、比較歯学をベースに、ヒトの歯の起源について学生たちに講義を行った。魚の歯やその起源、爬虫類や哺乳類の歯、これらにはどのような共通点があり、違いがあるのか。脊椎動物の進化の中で、ヒトの歯がどのようにできあがってきたのか。このことについては別の著書『歯の進化からさぐる ヒトの歯の形態学』にゆずることにする。ここでは比較歯学からコイ科の咽頭歯について考えてみる。

咽頭歯とは

咽頭歯とは奇妙なところに生えている歯である。顎にある歯と同じなのだろうか。この疑問に答えるためには、歯とは何か、歯はどのようにできあがったのかを説明しておく必要がある。

歯は脊椎動物だけがもつ器官で、以下の三つの条件が揃って、はじめて歯と呼ぶことができる。第一に、発生学的に上皮と間葉の相互作用によってできあがる器官である。第二に、組織学的にアパタイトからなる硬組織を主体とする器官である。アパタイトとは燐酸カルシウムという生体鉱物である。無脊椎動物の多くは炭酸カルシウムで硬組織を作っているものが多い。第三に、機能的に摂餌のための器官である。

この三つの条件がそろったものを歯と定義することができる。この定義にあてはまらないさまざまな動物がもつ「歯」が真の歯でないことになる。このような「歯」を類歯という。たとえば、ヤツメウナギの口唇にある「歯」は、上皮性の角質の「歯」であるから真の歯ではない。軟体動物の巻貝類がもっている歯舌は、炭酸カルシウムでできているので定義からはずれる。いろいろな動物がもつ類歯は真の歯ではないということになるが、コイ科魚類の咽頭歯は、この三つの条件をきちんとそなえている真の歯である。ただ生えているところが、喉の奥なので奇妙な歯ということになる。

ところで、ワサビおろしに使われるサメの皮膚には楯鱗《じゅんりん》と呼ばれる小さな鱗が一面に分布している。この鱗は、発生学的にも組織学的にも歯と同じで

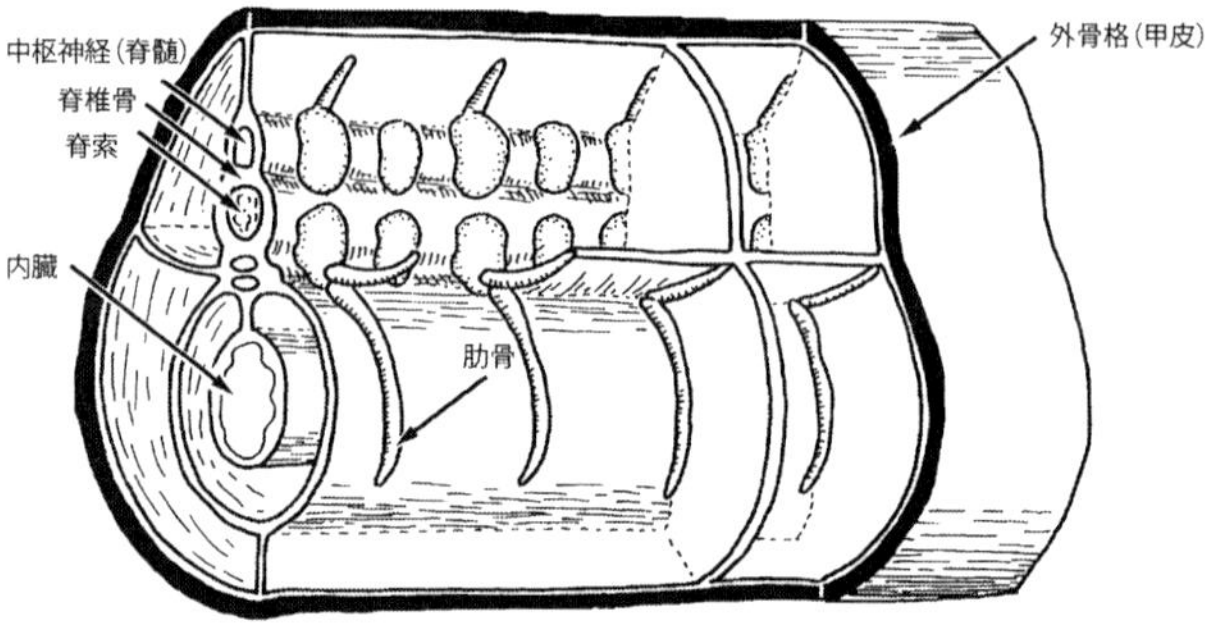

図15　初期の脊椎動物の胴部の基本的構造
腹側に内蔵と動脈、背側に神経がある。内骨格は、体側筋を支持し、神経を保護する脊椎骨、内臓を保護する肋骨からなる。体の表面には外骨格の甲皮(黒く塗った部分)がある。(中島, 1987)

あるが、餌を食べるときに直接使うことはないのでもちろん歯ではない。ところが、サメの鱗は歯の起源と密接な関係にある。

歯の起源と咽頭歯

脊椎動物は普通、硬骨でできた内骨格、つまり、体を支える脊椎骨や四肢の骨格などを、体の内部にもっている。しかし、古生代に誕生した

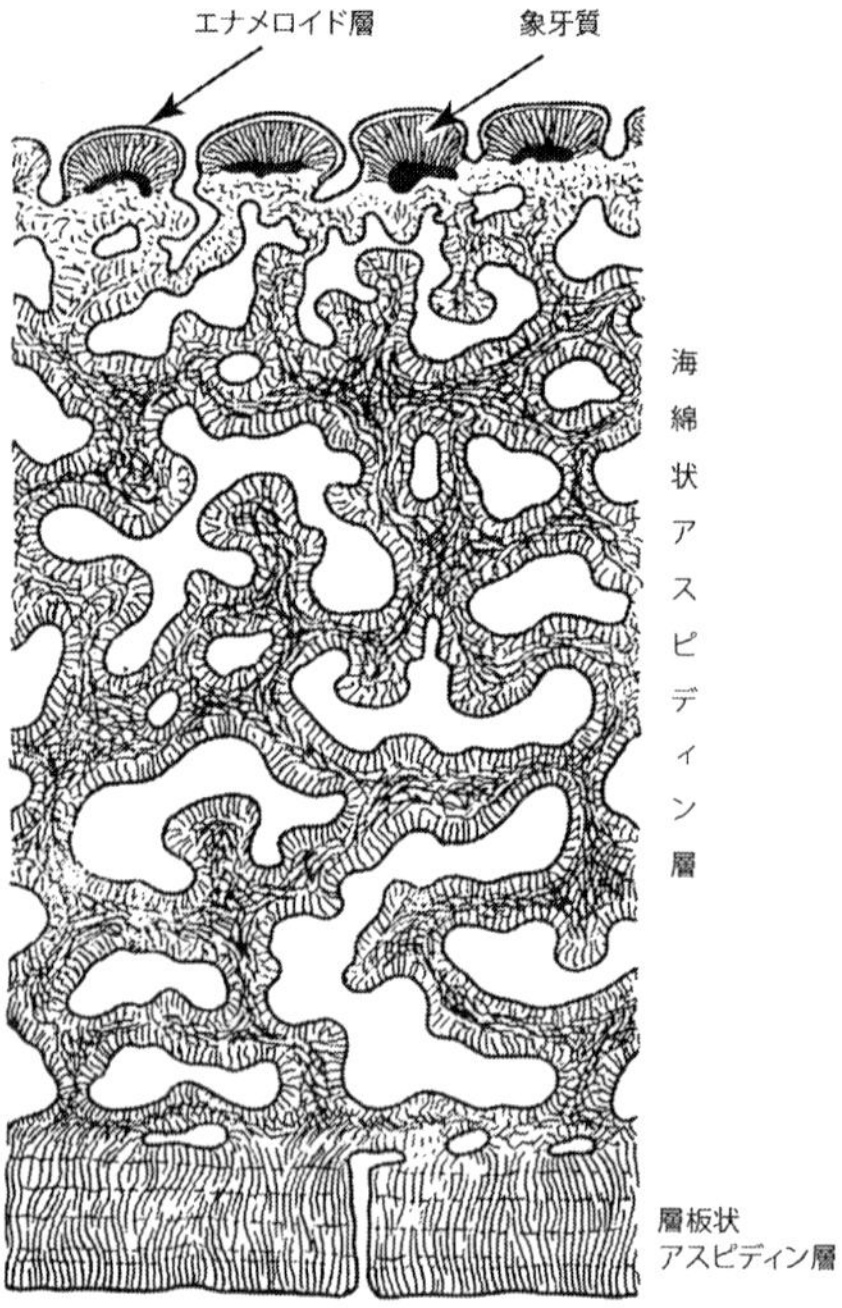

図16　古生代に生息していた無顎類の甲皮
表面にはエナメロイド層と象牙質からなる歯の構造、内側にはアスピディン層からなる。(Bystrov, 1959)

最初の脊椎動物である無顎類《むがくるい》は、その子孫であるヤツメウナギと同様に、硬骨性の内骨格をもっていなかった。また、名前のとおり顎がなく歯もない。当時の無顎類は、軟骨性の内骨格のかわりに、体表面に鎧のように硬い外骨格（甲皮）をもっていた。甲皮は、表面からエナメロイド（エナメル質に似ている組織）、歯質（象牙質）、骨様組織（硬骨に似ている組織、アスピディンと呼ばれる）からなっている。この甲皮はもともと、燐酸塩とカルシウム塩の貯蔵装置としてできあがったのであるが、それと同時に外敵から身を守ることにも役に立った。そのため甲皮の表面はより硬くなっていった。その結果、最表面には骨組織よりも硬い歯を構成する組織が発達したのである。

脊椎動物の進化の過程で、内骨格は硬骨に置き換わっていく。また、外骨格は歯質やエナメロイドの部分をしだいに失い、骨様組織の部分だけが残った。その外骨格の名残が魚の鱗や頭蓋骨の一部である。一方、サメの仲間である軟骨魚類では硬骨をもたないので、外骨格の歯の構造だけが鱗となって残っている。

ところで、歯はどのように起源したかというと、無顎類の外骨格と関係がある。口の中や肛門、直腸などは、体の表面が体内に入っていったものとされている。体の表面にあった硬い甲羅のような部分は、しばしば口の中に入っていったはずである。体を保護するための構造であった外骨格が、口の

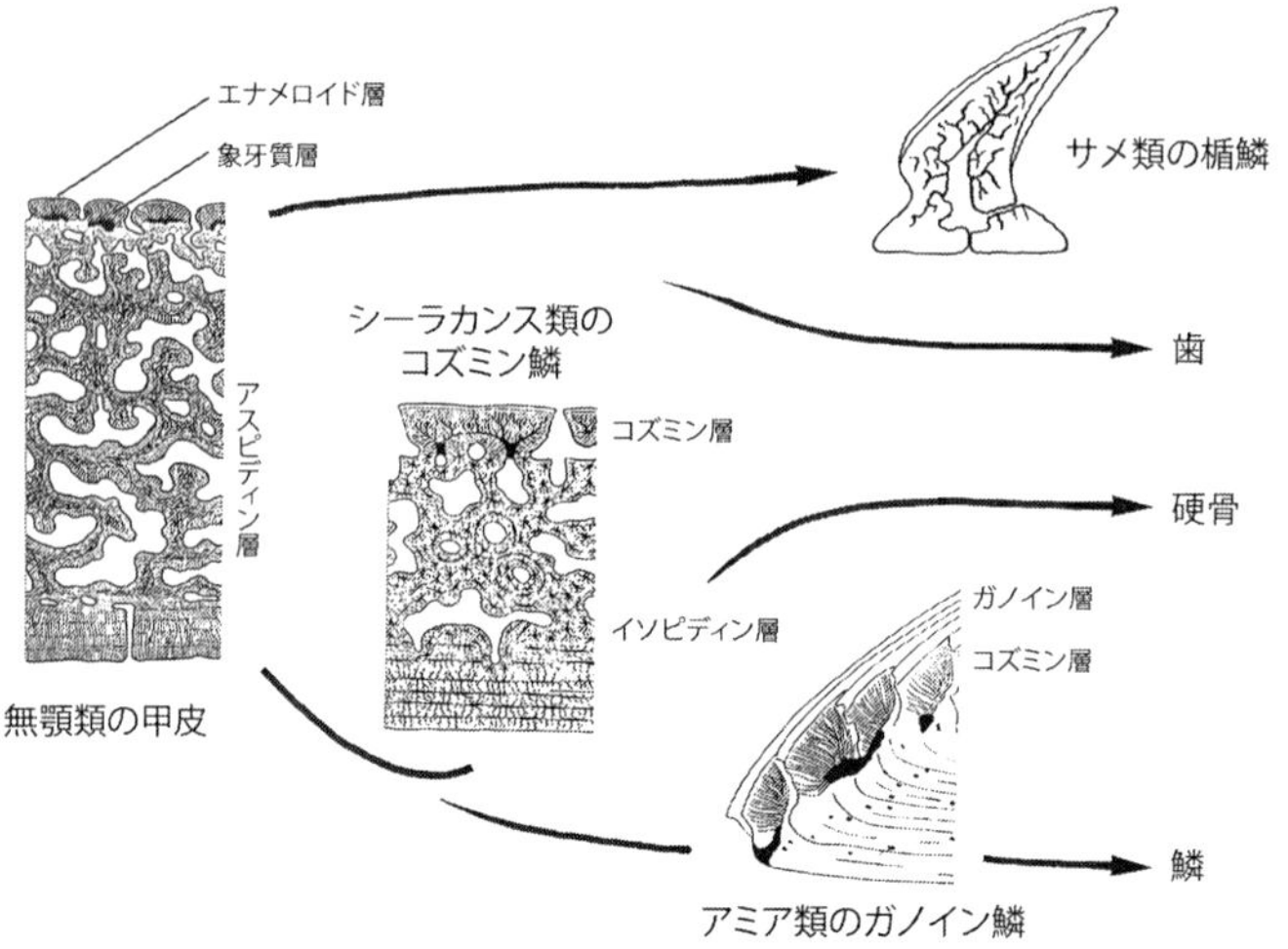

図17　甲皮からの鱗の進化

アスピディン層、イソピディン層は骨様組織である。コズミン層は象牙質層でこれが発達した鱗はコズミン鱗、ガノイン層はエナメロイド層でこれが発達した鱗はガノイン鱗、軟骨魚類の楯鱗や歯は甲皮表層に由来し、真骨類(ふつうの魚)の鱗は甲皮深層に由来する。(中島, 1987)

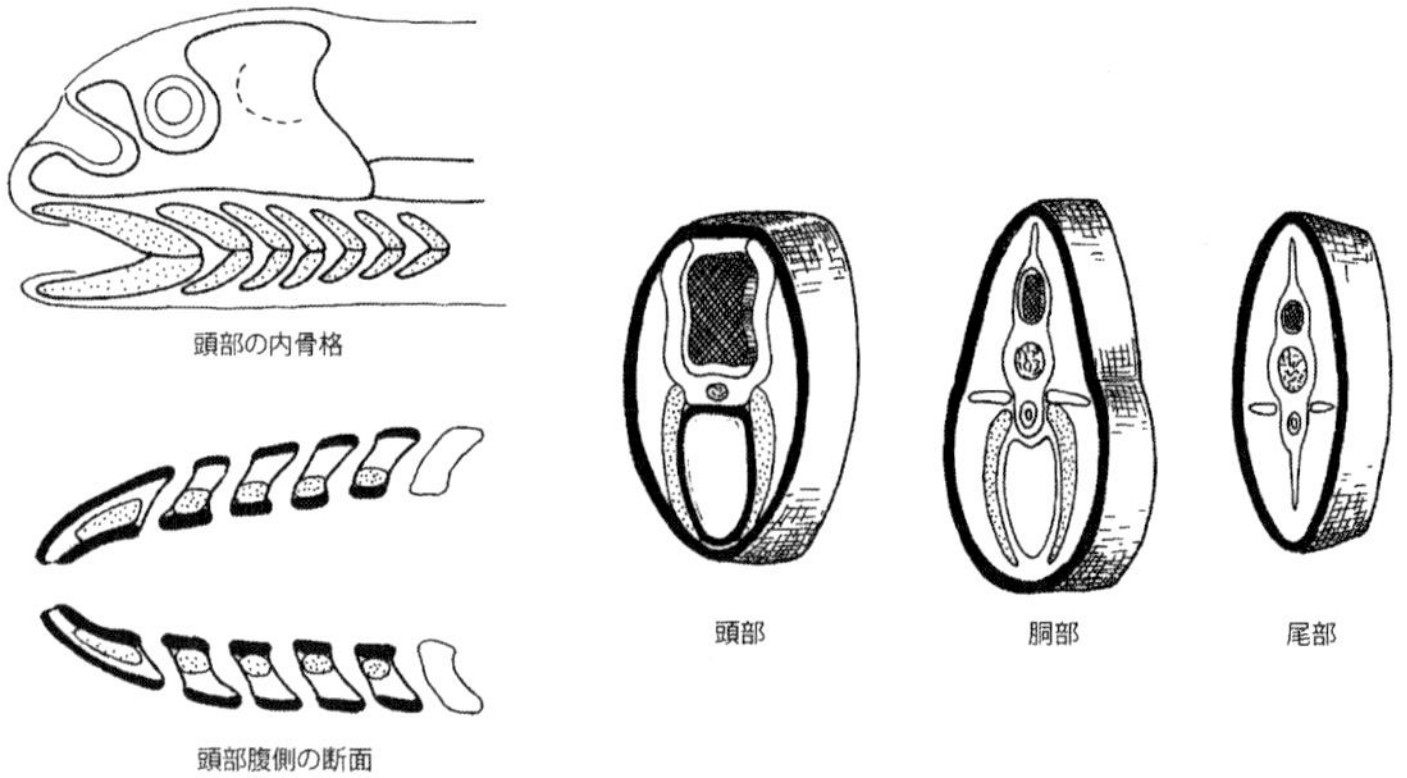

図18　歯の起源についての仮説

脊椎動物の基本構造(右の3つの図)。頭部には肥大した中枢神経(脳)があり、それを保護する内骨格(白)と背側には外骨格(黒)がある。内臓は頭部では口腔、咽頭でそれを保護する内臓頭蓋(点影)である鰓弓がある。胴部では中枢神経(脊髄)を保護する脊椎骨(白)と内臓を保護する肋骨(点影)がある。左の上下の図は頭部の内骨格。中枢神経(脳)を保護する神経頭蓋と内臓を保護する内臓頭蓋(点影)を示す。内臓頭蓋は顎弓、舌弓、鰓頭弓からなる。頭部の外骨格(黒)が口腔や咽頭に入り込み内骨格の支えをえて、歯として機能するようになったと考えられる(下段)。(中島, 1987)

中やノドの奥で骨格の支えをえて、食物を食べるのに役立つようになったとき歯となる。したがって、外骨格の一部が口の中奥深くまで入り込み喉の歯になってもおかしくない。実際、原始的な魚では、口や喉のいたるところに歯が生えている。咽頭歯はけっして奇妙な歯ではなく、ふつうの歯である。

コイ科魚類

コイ科魚類は、顎や口の中にいっさいの歯をもたず発達した咽頭歯だけをもち、その歯数が稚魚期までに決定されるというきわめてユニークな特徴をもった魚の集まりである。しかし、この仲間はユーラシア大陸を中心に、アフリカ大陸と北米大陸及びその周辺の島々に広く分布し、全体で200属3000種になる。しかし、記載されている種をリストアップすると、1万を超えるかもしれない非常に大きなグループである。そこでいくつかの亜科に分けられてきた。しかし、外部形態の特徴に収斂《しゅうれん》が多く形質がモザイク状になっているため、系統関係を反映した全体の亜科の分類が確立されていない。さらに分布域が広く種数が多いことから、分類がローカルに行われてきたことも全体の系統分類を混乱させている。しかし、最近分子生物学的に系統関係を解析する研究の発展が目覚ましく、次第にコイ科全体の亜科の分類も確定されるはずである。ここでは、張宜瑜《チェンイーユー》らが編集し、中国や東アジアのコイ科についてまとめられている『中国動物志』の亜科の分類にしたがって話を進めていく。その12の亜科について紹介する前に、コイ科の咽頭歯の配列と形について説明しておく。

咽頭歯の配列と形

コイ科魚類の咽頭歯系は、例外として、四列であったり、主列に五本以上の歯があったりするが、一般に咽頭歯は一列から三列に配列しており、歯数はA列が最大で五歯までである。歯の配列は次の項「中国動物志によるコイ科の12の亜科とその特徴及び分布域」で示すようにコイ科のグループによってある程度決まっている。

左右の咽頭歯系の歯の配列を示すために歯式が用いられる。例えば、2.3.5-4.4.1という歯式は、左右とも歯は三列で、左側のC列に二歯、B列に三歯、A列に五歯、右側A列とB列に四歯、C列に一歯あることを表している。第二章のはじめに掲載した図10のコイの左側咽頭歯系はA列が三歯、B列とC列が一歯であるので、1.1.3-となる。ソウギョはA列が四歯、B列が二歯なので、2.4-となる。

コイ科魚類の歯の形はさまざまである。コイとソウギョの歯でわかるように塊状の臼歯に似たものや薄くギザギザのある歯、そのほかの魚種では、尖った歯、平べったい歯などさまざまである。第二章のはじめに、このように多様な形をした歯がどのようにできてくるのかを調べたいと述べたが、本格的に走査型電子顕微鏡で調べることができるようになったのである。電顕での観察を進めていくと、多様な形の中に共通する部分があることに気がついた。どんな歯にも尖った歯鉤《しこう》、あるい歯鉤の名残りがある。また歯冠側面には肩と呼ばれる突出部があり、歯鉤と肩の間に咬合面と呼ばれる窪みがある。咬合面は窪んでいることが多いが、窪んでいないこともある。咬合面は二つの咬合縁にはさまれ、歯冠側面と区切られている。歯の先端にある歯鉤の位置、咬合面の向きなどによって、多様な咽頭歯もいくつかの類型にわけることができるのではないかと考えた。

ところで、歯鉤、咬合面など、咽頭歯の形を表現するためには、さまざまな用語を使わなければならない。その用語が何を表すのかをきちんと定義しておかないと人によって解釈が違ってしまう。そこで、用語の定義と説明を本章二節の終わりのコラムで示した。

それでは12の亜科についてその特徴や分布域について説明する

『中国動物志』によるコイ科の12の亜科とその特徴及び分布域

ダニオ亜科　熱帯魚好きな方にはゼブラダニオ、スマトラなどを知っているかもしれないが、東南アジアからアフリカまでの地域を中心に東アジアにも分布する。日本に分布する魚では、オイカワやハス、カワムツ、ヒナモロコ、カワバタモロコなどが含まれる。このグループは単一ではなく、多様なものが含まれていると思われる。咽頭歯系は三列のものがほとんどであるが、一列と二列のものもある。歯式の変異は多い。典型的な歯式は2.4.5–5.4.2である。

バルブス亜科　バルブはヒゲのことで、ヒゲのある魚である。日本には分布していない。東南アジアからアフリカまでの地域を中心に東アジアとヨーロッパにも分布する。大部分が三列の咽頭歯系をもつ。歯式の変異は多いがダニオ亜科ほどではない。典型的歯式は、2.3.5–5.3.2で、ダニオ亜科よりもB列歯が一歯少ない。

シゾトラックス亜科　ヒマラヤの周辺域に分布する魚である。バルブスとよく似ているが鱗が肛門のあたり以外にない。咽頭歯系からは単一なグループである。咽頭歯系は三列と二列。典型的な歯式は2.4.5–5.4.2か、3.4–4.3

である。

クルター亜科　琵琶湖淀川水系に分布するワタカの仲間である。現在の日本列島にはワタカしか分布していないが、過去の「日本列島」にはたくさんの仲間がいた。中国には多くの種類が分布している。狭い意味でのクルター亜科は東アジアに特有であるが、外形が似ている仲間は東南アジア、南アジア、ヨーロッパにも分布している。咽頭歯系は三列である。歯式の変異は多いが、典型的な歯式は、2.4.5–5.4.2である。

クセノキプリス亜科　東アジア特有のグループであるが、ヨーロッパにクセノキプリス類と似たコンドロストマ *Chondrostoma* が分布する。コンドロストマがクセノキプリス亜科に含められるのか、ウグイ亜科なのかはまだわからない。現在の日本列島には分布していないが、クルター亜科と同様に、日本列島からはたくさんの化石が出土している。鮮新世から更新世にかけての日本列島での優占するグループであった。咽頭歯系は一列から三列である。A列歯が五歯よりも多い。典型的な歯式は、2.4.6–6.4.2　3.6–6.3　あるいは6–6である。

レンギョ亜科　ハクレンやコクレンの仲間である。利根川にハクレンが生息するが、これは自然分布ではない。しかし、日本列島からは化石が見つかる。東アジアだけに分布する。咽頭歯系は一列である。歯式の変異はほとんどなく、4-4である。

タナゴ亜科　いわゆるボテジャコの仲間である。東アジアを中心に、ヨーロッパにも分布する。咽頭歯系は一列である。歯式の変異はほとんどなく、5-5である。

ウグイ亜科　ウグイやアブラハヤなどの仲間である。ヨーロッパから北米にかけて分布する。ウグイ亜科もダニオ亜科と同様に単一のグループではない可能性がある。咽頭歯系は大部分が二列であるが、一列のもの三列のものがある。歯数の変異はあまりない。典型的な歯式は、2.5-4.2である。

ラベオ亜科　日本にはいないグループである。東南アジアからアフリカまでの地域を中心に東アジアにも分布する。口唇がかわった構造をしていてしばしば角質化した乳突起をそなえている。咽頭歯系からは単一なグループ、咽頭歯系はつねに三列である。歯式の変異は多少あるが、典型的な歯式は2.4.5-5.4.2である。

カマツカ亜科　カマツカ、モロコ、ニゴイなどの仲間である。東アジアを中心にヨーロッパにも分布する。咽頭歯系は一列または二列である。一列のものは変異がなく、5-5、二列のものは多少変異があるが、典型的歯式は3.5-5.3である。ニゴイ属などは三列で、1.3.5-5.3.1で変異はほとんどない。

ドジョウカマツカ亜科　カマツカ亜科に似るがヒゲの数が三対と多い。東アジア特有のグループであるが、日本にはいない。咽頭歯系は二列である。歯式の変異はまれで、3.5-5.3である。

コイ亜科　コイとフナの仲間で、典型的なコイ科の仲間である。東アジアを中心にヨーロッパにも分布する。咽頭歯系は一列から三列である。歯式の変異はほとんどない。コイ属では1.1.3-3.1.1　カラシオイデス属では2.4-4.2　フナ属では4-4である。

第二節　咽頭歯の形態形成と形の類型

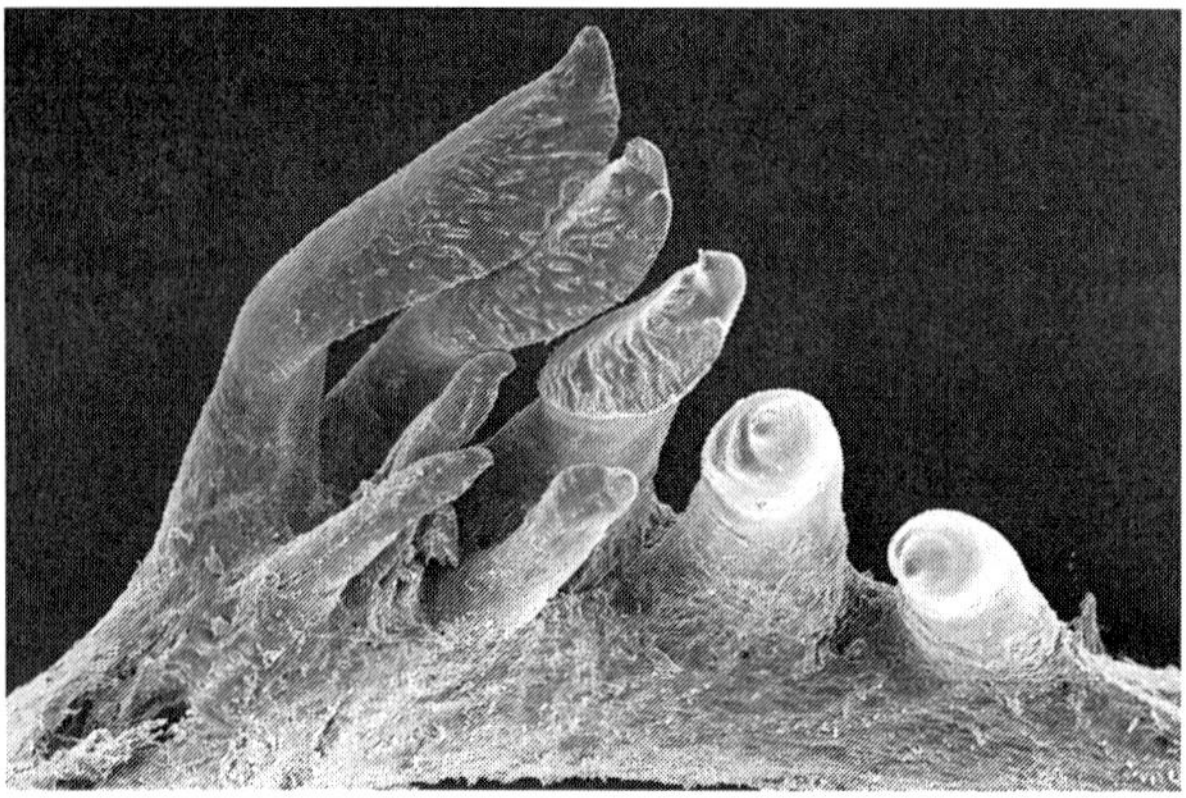

図19　ホンモロコ成魚の右側咽頭歯系の外側面観
図の右が前方。A列に5歯、B列に3歯が見られる。中央歯はへら状に広がった咬合面があり、その上には小さな結節がみられる。(Nakajima, 2018)

歯の形はどのように変化していくのか

爬虫類以下の脊椎動物は、一生、成長をつづける。最大で1m近くにもなるコイも、孵化したばかりの時期は、5㎜ほどである。仔魚もすぐに餌を食べ始めるから歯が必要である。ところが、いちど萌出し機能し始めた歯は、形を変えることはできない。そこで、体の生長に合わせて歯を交換することになる。このように歯の交換を一生続ける歯系を多生歯性という。コイ科魚類の咽頭歯系も多生歯性である。

コイ科魚類の成魚の咽頭歯の形は多様であるが、第二章第一節の図11で示したようにホンモロコの仔魚にはじめてあらわれる歯は、後方へ曲がった円錐形をしている。成魚の歯(図19)とは全く違っている。仔魚期に現れる最初の形はどの種でも同じような

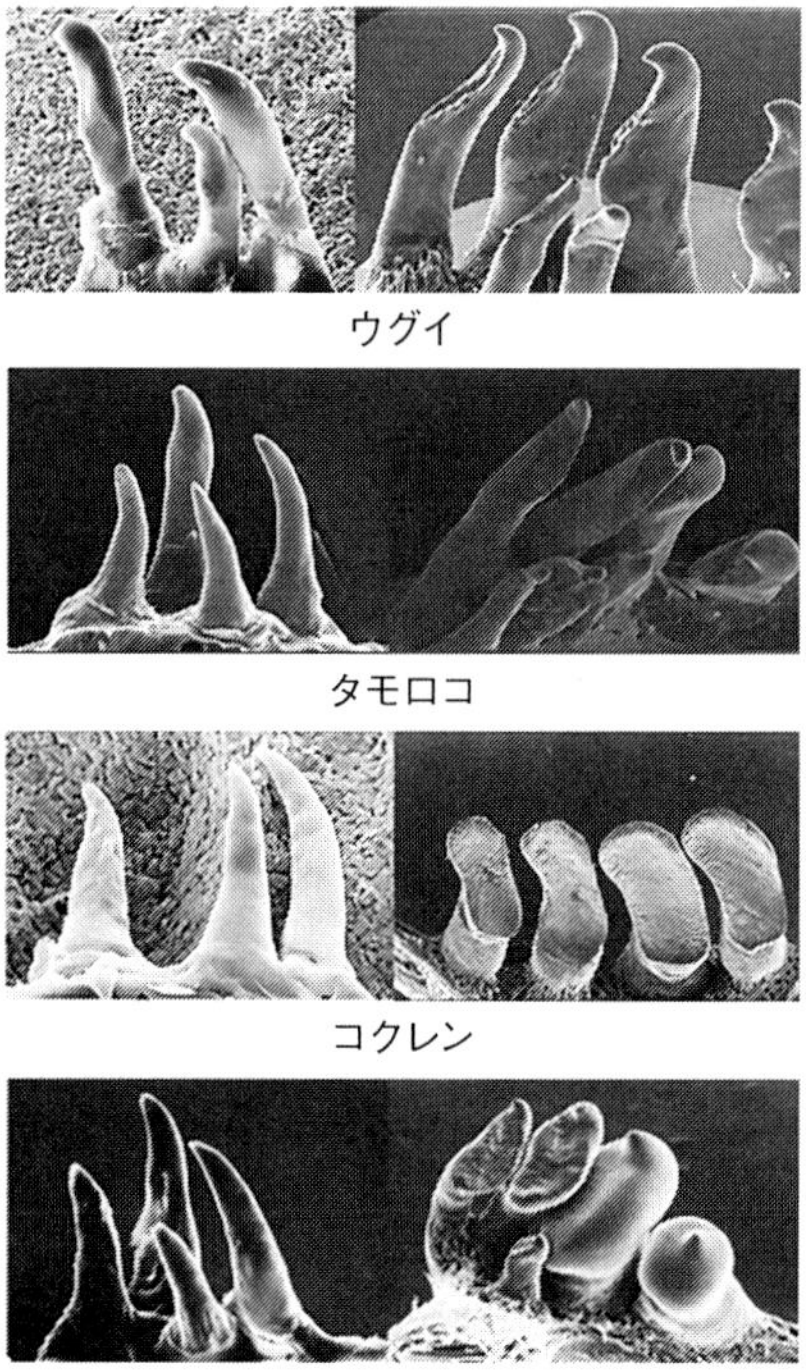

図20　いろいろなコイ科の最初の右側咽頭歯系（左）と成魚の咽頭歯系（右）
アオウオは稚魚の咽頭歯系。

形で、後方に曲がった円錐歯である（図20）。円錐歯から突然成魚の歯になるわけではなく、歯の交換を通じて、一定の道筋にしたがい歯の形は変わっていくはずである。ホンモロコで観察に用いた光学的顕微鏡ではなく、詳細な画像が得られる走査型電子顕微鏡を使ってニゴロブナの咽頭歯の形態変化をみていくことにする。

ニゴロブナの仔魚の咽頭歯系の観察

ニゴロブナの成魚は一列に四歯がならんでいる（図21）。尖った円錐歯に近いA1の位置の歯、A2からA4の位置の歯（以後A1歯、A2歯、A3歯、A4歯と表記する）は前後に側扁した薄い歯である。図22と図23のA～Lはニゴロブナの仔魚から稚魚にかけての咽頭歯系を観察した走査型電子顕微鏡像である。

この顕微鏡像を作る方法を簡単に説明する。走査型電子顕微鏡で試料を観

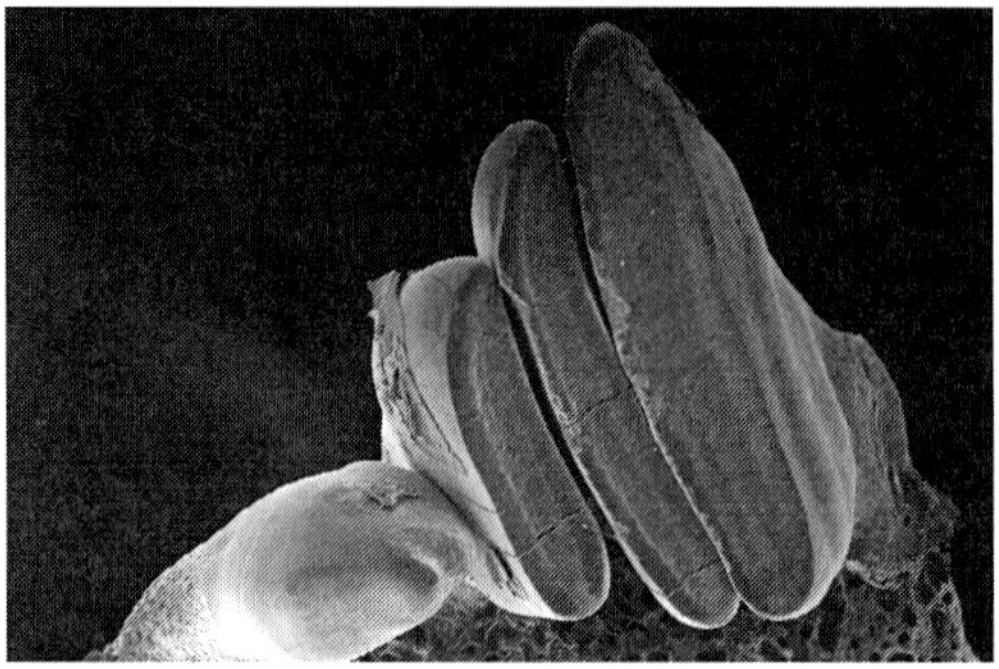

図21　ニゴロブナ成魚の左側咽頭歯系
A列に4歯が並ぶ。(Nakajima, 2018)

察するには、標本を完全に乾燥させる必要がある。歯間にある粘膜などの軟組織を完全に除去しないで、乾燥させると標本の上にゴミや膜が散らばった見るにたえない画像になってしまう。歯間から軟組織をとりのぞく方法は、第二章第一節の「どうやって小さな歯を観察しようか」で説明したアリザリン染色、タングステン針が大活躍する。オスミウム固定をして軟組織を硬く脆くし、超音波洗浄をかけると、うまく軟組織がとれることもある。図22(A)の歯間は5㎛もない。そこに針先を差し込んで軟組織をはずす。一つの標本をつくるのに、何個体の魚の標本をつぶしたことか。その労力たるや想像を絶する作業である。きれいな標本がやっとできたら、標本を試料台にのせる。図22(A)の試料は50㎛もない。銅製の試料台に両面テープを貼りその上にいくつかの試料をバラまくのである。バラまいた試料を実体顕微鏡で観察し、観察したいアングルでテープに粘着している標本をみつけたらしめしめである。試料台ごと標本を金でコーティングし、試料の完成である。気の遠くなるような作業の結果としてこれらの画像が得られているのである。

ところで、図11の光学的顕微鏡での観察では、軟組織をある程度残したまま透明標本にして観察しているので歯胚を観察することができる。しかし電顕観察用の標本では軟組織を完全に除去しようと努力した結果、咽頭骨に定着していない歯胚は取り除かれてしまう。したがって、図22や図23には歯胚

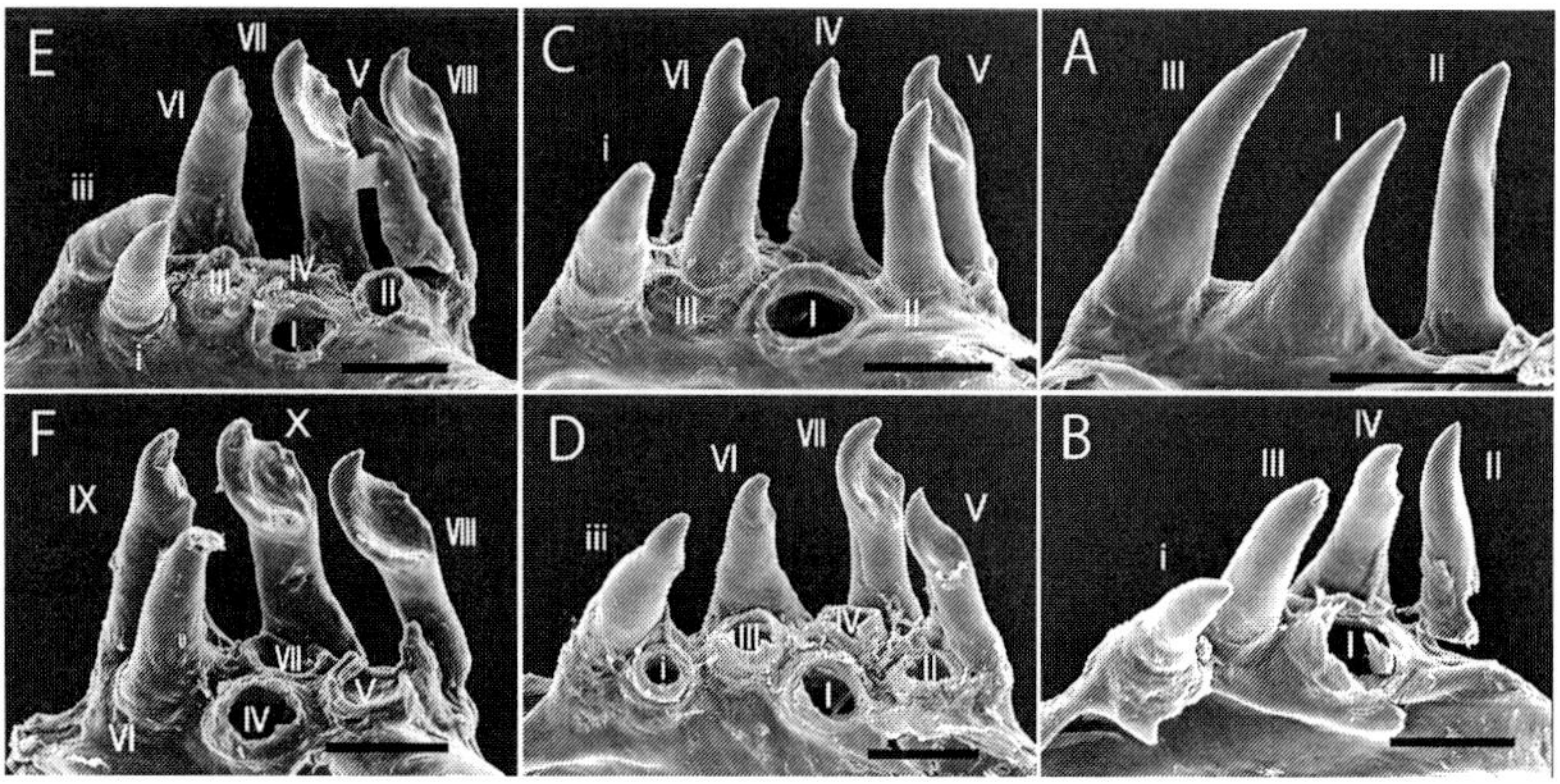

図22　ニゴロブナ仔魚から稚魚にかけての左側咽頭歯系（A～F）
説明は本文。（中島, 2005）

は写っていない。そのことを加味して次の説明を理解してほしい。

ニゴロブナの咽頭歯の形態形成と発達段階

図22(A)ではⅠ歯（$_0$[Ce0]歯）、Ⅱ歯（$_1$[Po1]歯）とⅢ歯（$_1$[An1]歯）の三歯が咽頭骨に定着している。フナでは成魚のA2の位置がAn1の歯族、A3の位置がCe0の歯族、A4の位置がPo1の歯族にあたるので、これら三歯はそれぞれの位置の最初の歯になる。

図22(B)では、Ⅰ歯が脱落し、その代生歯であるⅣ歯（$_2$[Ce0]歯）が定着している。またA1の位置の最初の歯であるi歯（$_2$[An2]歯）が定着している。これらの歯の形を比較してみると、Ⅳ歯と他の歯では形が違っている。Ⅳ歯は単純な円錐歯ではなく、外側から見て歯冠後側面に肩と呼ばれる高まりができている。先端の歯鈎と肩の間に咬合面が形成されている。この咬合面は外側縁と内側縁に囲まれ、後方を向いている。

図22(C)では、Ⅱ歯の代生歯であるⅤ歯（$_3$[Po1]歯）、Ⅲ歯の代生歯であるⅥ歯（$_3$[An1]歯）がそれぞれ元の歯と同時に定着している。Ⅳ歯やⅥ歯と違って、Ⅴ歯では咬合面が外側から見えている。それぞれの歯の二つの咬合縁は前者では外側縁と内側縁であるが、後者ではそれぞれ前縁

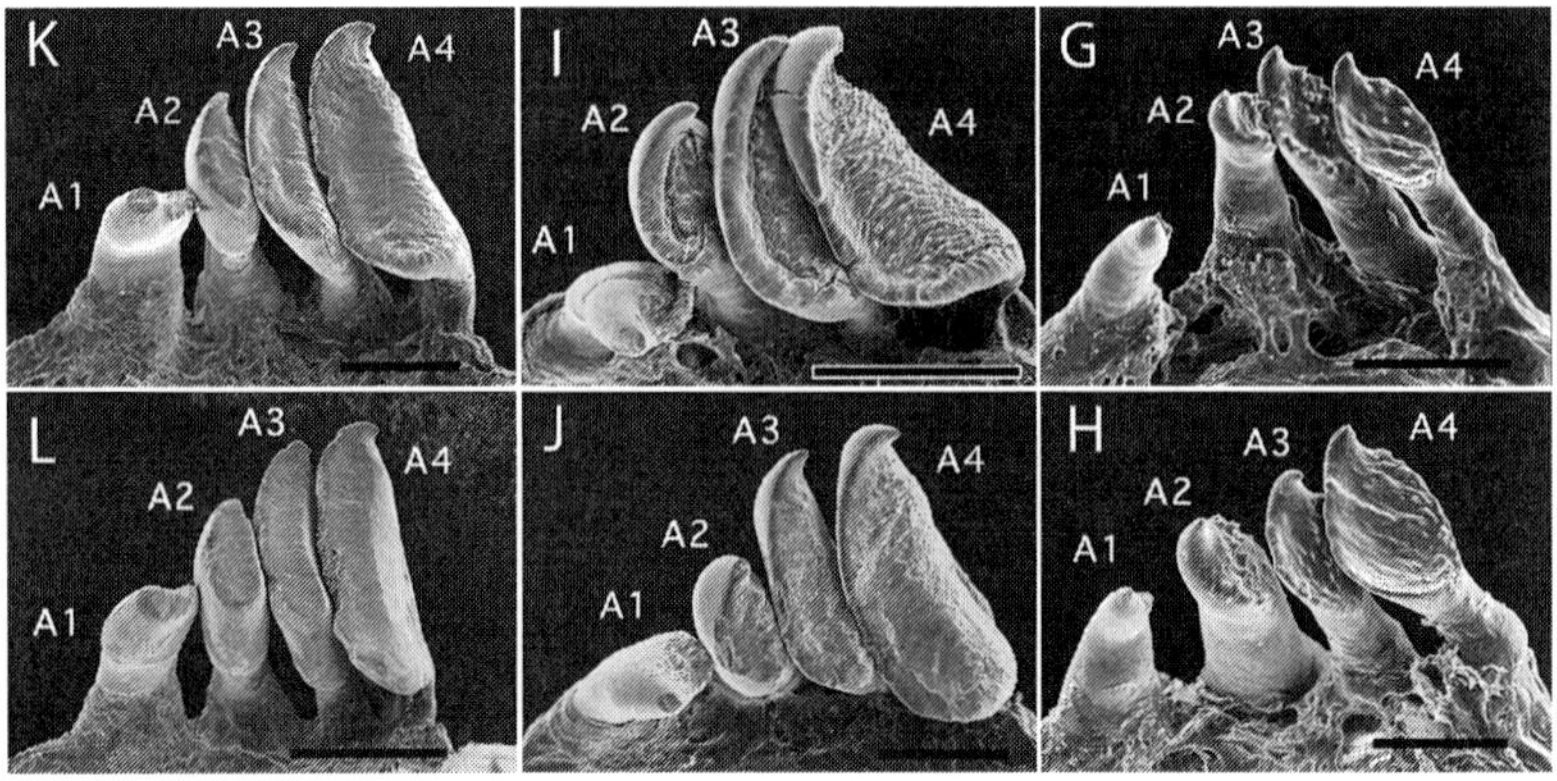

図23　ニゴロブナ仔魚から稚魚にかけての左側咽頭歯系（G～L）　説明は本文。
（中島, 2005）

と後縁になる。

図22(D)でわかるようにⅰ歯の代生歯であるⅲ歯（4[An2]歯）にも後方を向いた咬合面ができている。A1の位置の歯は生涯を通じて、このタイプの歯である。A2の位置の歯は、図23(H)までは歯鈎が歯冠前端にあり、後方を向いた咬合面をもっている。しかし、図23(I)では、歯鈎が歯冠内側端に位置し咬合面が外側を向く。さらにこの図ではA3の位置やA4の位置の歯では、前縁は明瞭であるが、後縁は不明瞭になり、咬合面は歯冠後方側面との区別がつきにくくなっている。さらに、図23(L)のA2、A3やA4の位置の歯では歯軸と前縁の方向が斜交した状態から直角に近くなってくる。

ニゴロブナで見られた咽頭歯の形態変化をまとめると、次のようになる。

第一段階　後方に曲がった円錐歯。Ⅰ歯、Ⅱ歯、Ⅲ歯、ⅰ歯。

第二段階　歯の先端に歯鈎があり、歯冠後側面に肩ができ、咬合面が形成される。咬合縁は外側縁と内側縁である。Ⅳ歯、Ⅵ歯、Ⅸ歯、ⅲ歯、仔魚期のA2の位置の歯、A1の位置の二番目に生えるⅲ歯（4[An2]）歯以降成魚までのA1の位置の歯。

第三段階　外側から歯を見たとき（外側面観において）、咬合面が見えるようになる。咬合面の外側縁が前縁、内側縁が後縁になる。咬合縁や咬合面には小突起列が並ぶ。Ⅴ歯、Ⅶ歯、Ⅷ歯、Ⅹ歯、仔魚期のⅧ歯以降のA4の位置の歯、Ⅹ歯以降のA3の位置の歯。

第四段階　歯鈎は歯の内側端に移動する。咬合面の前縁と後縁という位置関係が明確になる。前縁ははっきりしているが、後縁は不明瞭になり、咬合面は後方側面に不明瞭に移行する。咬合面は広がり、小突起列が並ぶ。前縁と歯軸の方向は斜交し、直交していない。稚魚期のはじめのA4、A3、A2の位置の歯。

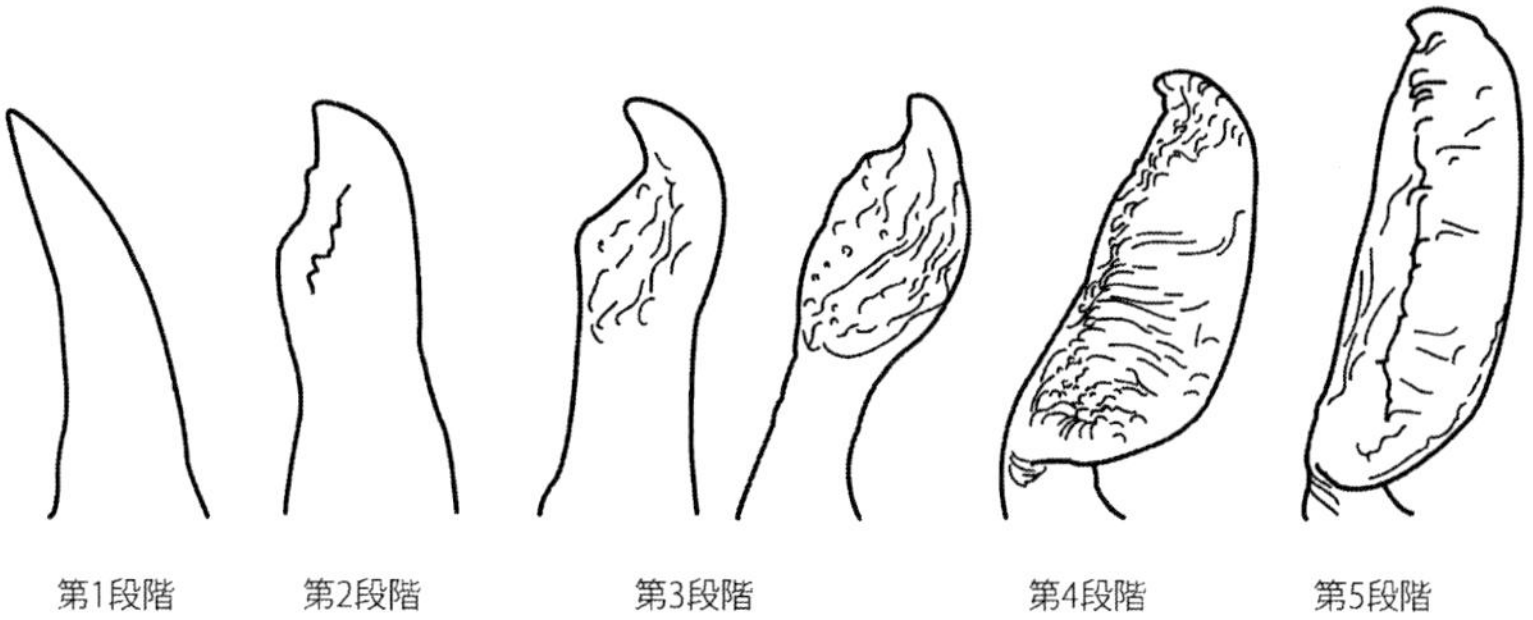

図24　ニゴロブナ右側咽頭歯の発生段階　説明は本文。(Nakajima, 2018)

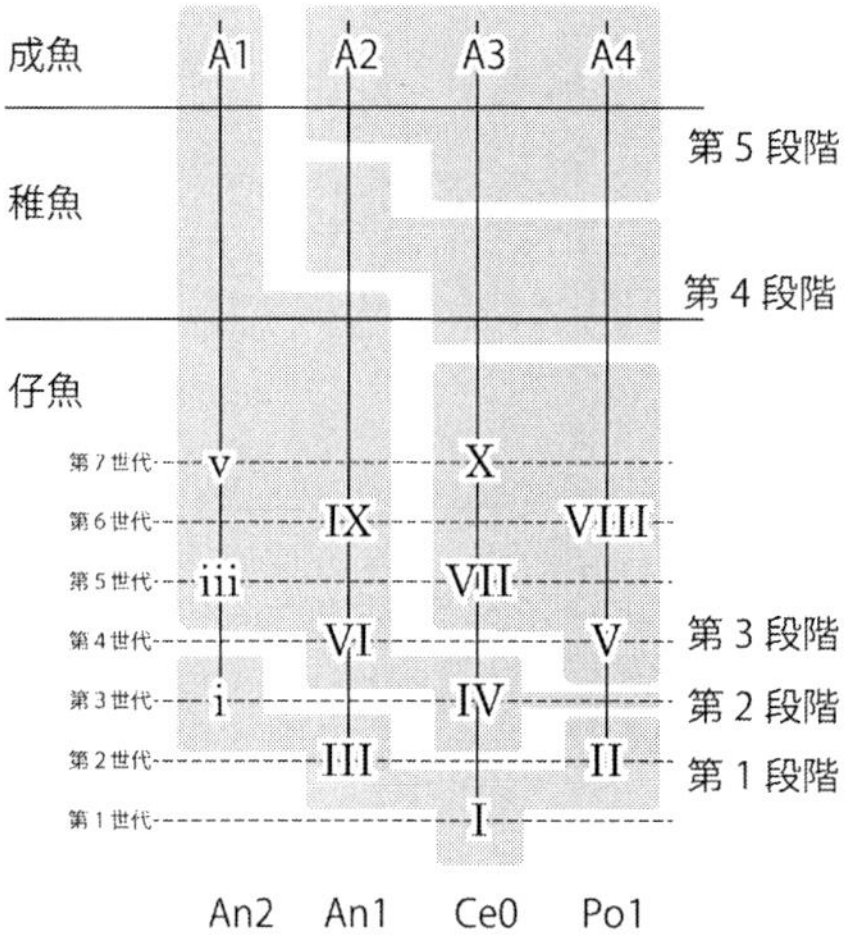

図25　ニゴロブナの仔魚から成魚の各位置の歯の段階

A1の位置では最初のi($_2$[An2])歯が第1段階で、次の世代のiii($_4$[An2])歯で第2段階になり、成魚になっても第2段階のままである。A2の位置では最初のⅢ($_1$[An1])歯は円錐歯、次の世代のⅥ($_3$[An1])歯から第2段階になり、稚魚期のはじめに第4段階になり、稚魚期のおわりから第5段階になる。A3の位置では最初のⅠ($_0$[Ce0])歯が円錐歯で、次の世代のⅣ($_2$[Ce0])歯が第2段階、次の世代のⅦ($_4$[Ce0])歯が第3段階、仔魚期のおわりに第4段階になり、稚魚期の中頃から第5段階になる。A4の位置では、最初のⅡ($_1$[Po1])歯が円錐歯で、次の世代のⅤ($_3$[Po1])歯は第3段階で、次の世代のⅧ($_5$[Po1])歯から第4段階になり、稚魚期の中頃から第5段階になる。後方位の歯ほど段階が早く進み、前方位の歯ほど低い段階にとどまる。

第五段階　歯鈎は歯の内側端に位置し、歯冠が前後に側扁する。前縁と歯軸の方向が直角に近くなる。この段階の歯は咬耗を受け、内側端の歯鈎が消失し、さらに象牙質が露出する二次咬合面が形成される。稚魚及び成魚のA4、A3、A2の位置の歯。

文章で書くとたいへんわかりにくい。図24に段階の模式図、図25に仔魚から成魚までの歯がどの段階にあるかを示した。

前方歯であるA1の位置の歯の発生は、円錐歯から始まり、後方を向く咬合面をもつ第二段階で留まる。中央歯では、円錐歯から交換を繰り返しながら第五段階まで進み成魚の歯となる。A2の位置の歯では、A4、A3の位置の歯にくらべて段階の進み方が遅いことがわかる。

さまざまなコイ科の歯の形態形成の段階

バルブス亜科のアクロソカエルス パラレンス *Acrossocheilus parallence* の成魚は、2.3.5-5.3.2 の咽頭歯系をもつ。その咽頭歯系の発生は図26のとおりである。

最初の歯は、後方に曲がった円錐歯（Ⅰ歯、Ⅱ歯、Ⅲ歯、i歯、ii歯、iii歯、iv歯、稚魚期のA1（[An2]）歯）、中央歯では、先端に歯鈎があり、歯鈎

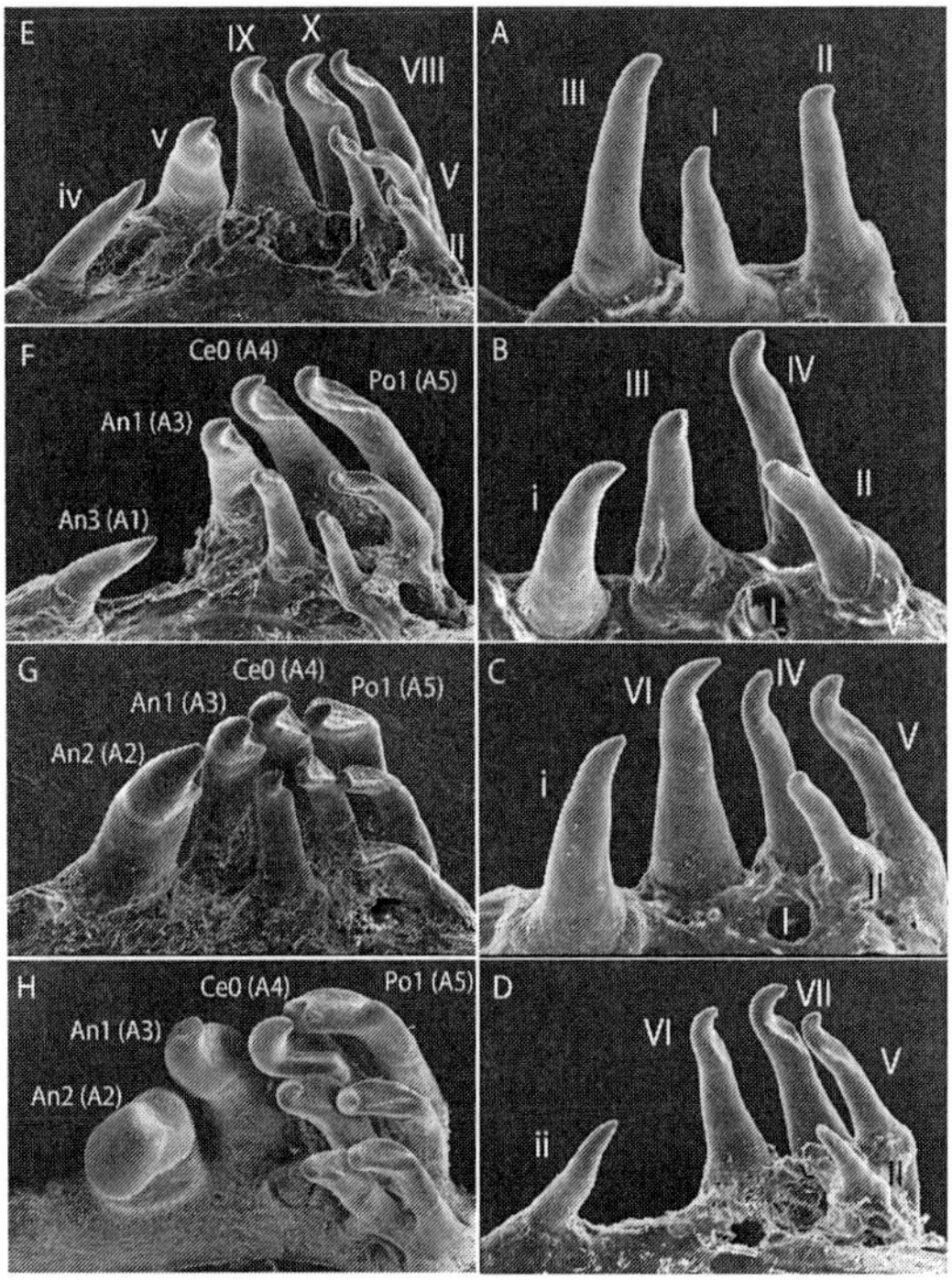

図26　バルブス亜科のアクロソカエルス パラレンスの仔魚から稚魚にかけての左側咽頭歯系　説明は本文。(Nakajima, 2018)

と肩の間に後方を向いた狭い窪んだ咬合面ができる。さらに、内側縁と外側縁がシャープに張出し、拡大した窪んだ咬合面が見られるようになる。さらに、歯冠が拡大し、内側縁と外側縁が隆線状となり、窪んだ咬合面の中にも隆線が見られる成魚の歯となる。後方の中央歯では、歯冠が歯頸付近から前方に屈曲し、咬合面が後方を向いたまま背側を向くようになっている。成魚では中央歯では、形が複雑になってはいくが、全ての歯で、歯鈎は歯冠の前端に位置し、咬合面は後方を向いたままで、ニゴロブナの発生段階の第二段階にとどまっている。

レンギョ亜科のコクレンは、4-4の歯式の咽頭歯系をもつ。仔魚期から稚魚期にかけてのコクレンの咽頭歯系を示した図27をみていただきたい。最初の歯はやはり、後方に曲がった円錐歯（I歯、II歯、III歯）である。次に後方を向いた狭い咬合面がある歯（IV歯、iii歯、稚魚期のA1（[An2]）歯）になる。前方歯であるA1（[An2]）歯で

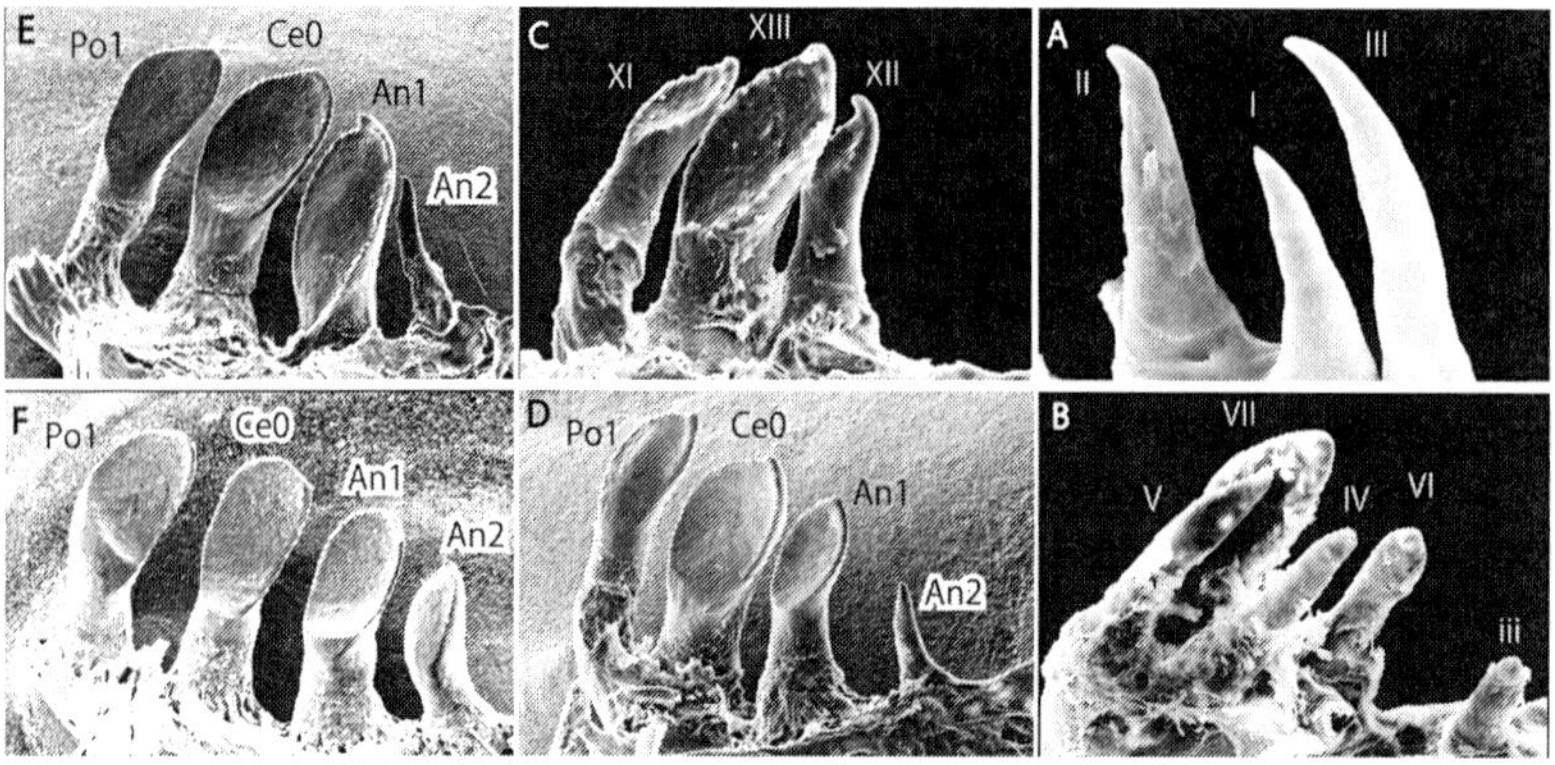

図27　コクレンの仔魚から稚魚にかけての右側咽頭歯系
説明は本文。(Nakajima and Yue, 1989)

は、後方を向く狭い窪んだ咬合面をもつ歯を稚魚期までもつが、中央歯では、仔魚期の間に咬合面は外側を向き、歯鈎が内側端に位置し、前縁と後縁がともに明瞭な歯になる。稚魚期では、どの歯にも歯鈎が見られるが、成魚では歯鈎は消失し、咬合面にはレンギョ亜科特有の構造が見られるようになる。後縁は前縁とともに明瞭であり、前縁と歯軸の方向は斜交したままである。ニゴロブナの発生段階では第三段階に対応する。

　カマツカ亜科のタモロコは、2(3).5-5(4).2(3) の歯式で示される咽頭歯系をもつ。ところで、ここで示した歯式は今までの歯式と違い、( )がついていて、その中に数字がはいっている。これは歯数に変異があることを示している。2(3) は、左側B列は主に二歯であるが三歯であることも多いという意味である。変異が二歯と三歯がほぼ同じ頻度で現れる場合は、2,3 と表現する。タモロコの咽頭歯系の発生について図28を見ながら説明する。最初は、他の魚と同じ、後方に曲がった円錐歯（Ⅰ歯、Ⅱ歯、Ⅲ歯、ⅰ歯、ⅱ歯、ⅲ歯、ⅳ歯、ⅴ歯）である。次に、歯冠後側面に肩ができ、歯冠先端の歯鈎基部と肩との間に、窪んだ咬合面が見られる歯（Ⅳ歯、Ⅵ歯、Ⅸ歯、Ⅻ歯、稚魚期以降のA2（[An2]）歯、A1（[An3]）歯）になる。次に、咬合面がやや外側を向く。外側縁が前縁に、内側縁が後縁になる。さらに、咬合面がはっきりと外側を向き、前縁は

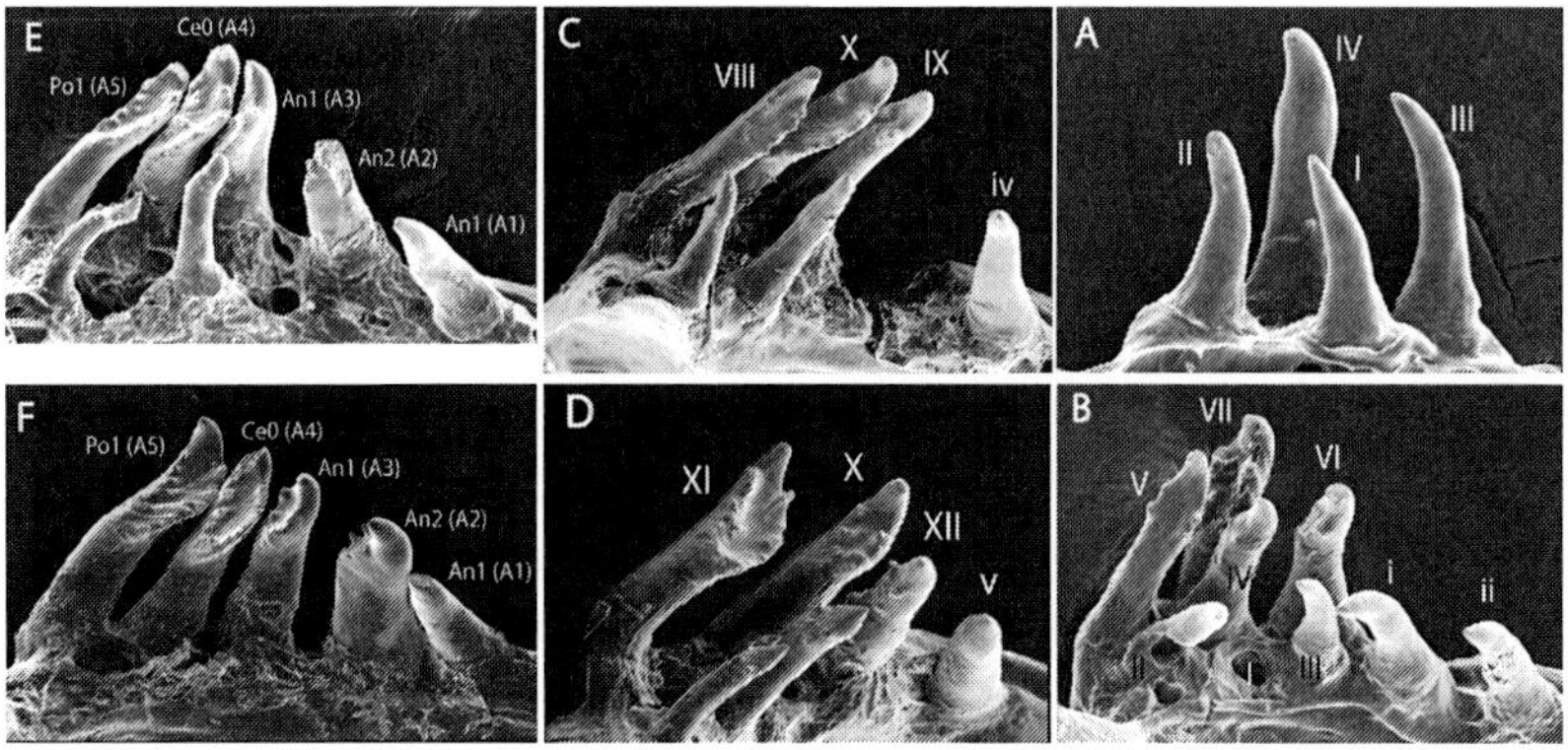

図28　タモロコの仔魚から稚魚にかけての右側咽頭歯系
説明は本文。（佐藤他，2000）

前方に湾曲し、後縁は目立たなくなる。小突起列が、両縁と咬合面上に分布する。歯鈎は歯冠の内側端に位置し、前縁は明瞭で、前方に湾曲し、後縁はいっそう不明瞭になる。咬合面はヘラ状になり、その上に小突起が分布する。さらに、歯冠が前後に側扁し。後縁はいっそう不明瞭になり、咬合面と歯冠後方側面は一体になる。歯軸と前縁の方向は斜交したままで、ニゴロブナの中央歯の形態形成の第四段階で終わっている。

ニゴロブナの中央歯の形態形成の五つの段階とバルブス亜科、レンギョ亜科、カマツカ亜科の三種の魚の咽頭歯の形態形成の段階についてまとめると、次のようになる。バルブス亜科のアクロソカエルス成魚の咽頭歯はニゴロブナの第二段階、コクレン成魚の咽頭歯はニゴロブナの第三段階までで形態形成の段階が止まっている。タモロコ成魚では、前方歯や副列歯は第二段階で止まり、中央歯は第四段階まで進んでいる。

形態形成における歯の発生段階と歯の類型

多様な形態を示すコイ科の咽頭歯をニゴロブナで示した発生段階の特徴によって類型化することができると考えた。歯鈎の位置、咬合面の向き、咬合縁の状態、歯軸と咬合面のなす角度などで類型化できる。

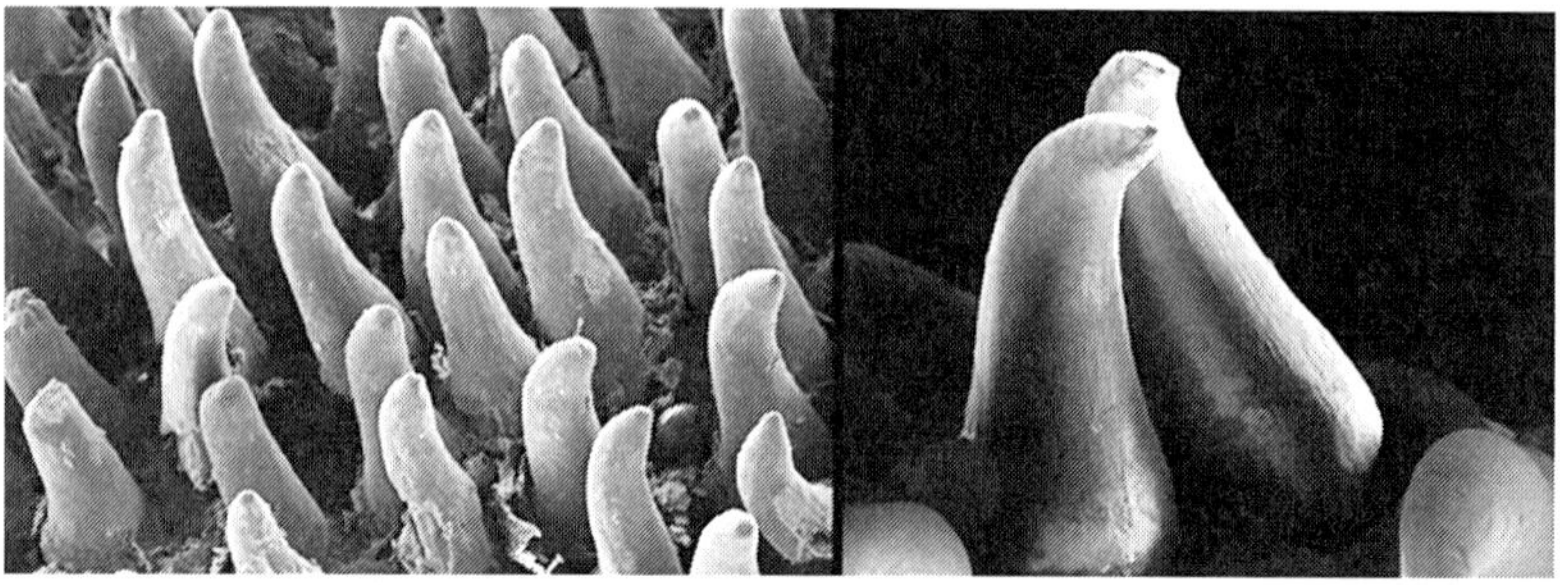
図29　オオクチバス(左)とナマズ(右)の咽頭歯

第一類（Type1）　ニゴロブナの第一段階に相当する後方に曲がった円錐歯。肩や咬合面がない単純な歯である。ナマズやオオクチバスなどさまざまな魚でみられる（図29）。コイ科の成魚では見られない。

第二類（Type2）　ニゴロブナの第一段階に相当する。歯鈎は歯冠先端もしくは前端に位置する。咬合面は後方を向いているので、咬合縁は外側縁と内側縁になる。咬合面は一般に窪んでいるが、窪んでいないこともある。ほとんどのコイ亜科の前方歯（図30A・B）や副列歯、ダニオ亜科（図30C）、シゾトラックス亜科、バルブス亜科の全ての歯。歯冠部に咬合面があり、それが後方を向いているか、やや外側を向く。歯鈎が内側に偏ることがなく、内外側方向のほぼ中央に位置する。咬合縁は内側縁と外側縁と呼ばれる。ダニオ亜科、クルター亜科の中央歯では咬合面がやや外側を向くものがあるが、これも第二類に含まれる。バルブス亜科とシゾトラックス亜科では、咬合面は団扇状に広がり、咬合面中央が隆起し、咬合縁と隆起の間にU字状の咬合面溝が見られたり、咬合面の形態は多様である（図30D）。

第三類（Type3）　ニゴロブナの第二段階に相当する。歯鈎が内側に偏るか内側端に位置する。咬合面は外側を向き、咬合縁は外側縁に由来する前縁と内側縁に由来する後縁からなる。両縁は明瞭である。歯軸と咬合面は斜交する。クセノキプリス亜科、タナゴ亜科（図30E）、レンギョ亜科の全ての歯、クルター亜科(図30F)、ウグイ亜科の一部の中央歯でみられる。クルター亜科やウグイ亜科では、前方歯や副列歯が第二類であることが多いが、クセノキプリス亜科、タナゴ亜科、レンギョ亜科では前方歯も第三類である。

第四類(Type4)　ニゴロブナの第四段階に相当する。歯鈎は歯冠内側端に位置する。咬合面は外側を向く。咬合面と歯軸の方向は斜めで、直交することはない。前縁は明瞭であるが、後縁は不明瞭となる(図30G)。ウグイ亜科の一部、ラベオ亜科、カマツカ亜科、ドジョウカマツカ亜科の中央歯でみられる。カマツカ亜科のカマツカ(図30H)やゼゼラ、ツチフキなどでは、歯が前後に側扁し、後縁が不明瞭で咬合面と歯冠後面が一体となっている。

第五類(Type5)　コイ亜科、アオウオの中央歯でみられる歯で、前縁と歯軸の方向が直交に近くなる。歯鈎は内側端に位置する。

フナ属では歯が側扁し、前後に薄い。また咬耗による二次咬合面が形成される(図30I)。コイ属では咬合面に、咬合面前縁に並行に走る一から数条の咬合面溝がある(図30J)。アオウオでは浅い咬合面溝が見られる。チンカ *Tinca* やプロバルブス *Probarbus* もこのタイプの歯をもつ。

多様なコイ科魚類の歯を、むりやりにといってもいいが、とりあえず、さまざまなグループの多様な歯について、五つの類型に分けた。ところで、コイ科魚類の咽頭歯系は異形歯性であるから、同一個体でも位置によって歯の

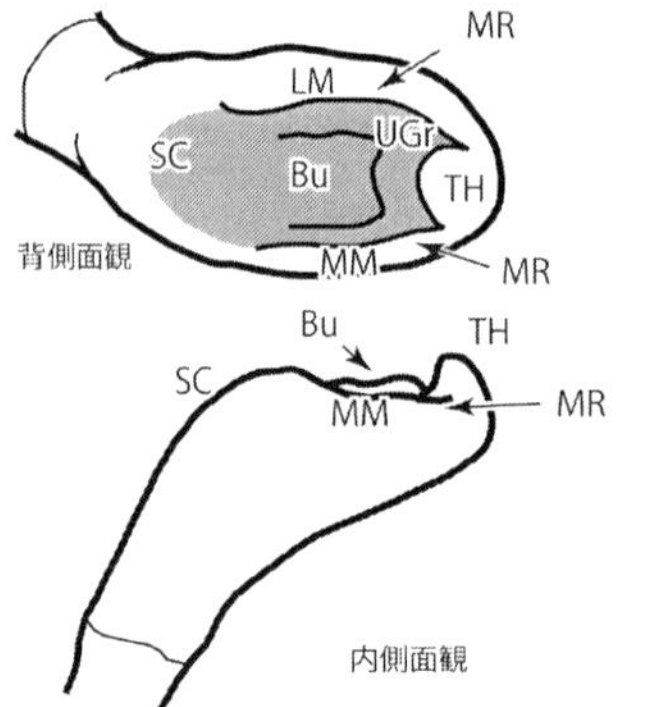

図30D　バルブス亜科のアクロソカエルスの左側中央歯

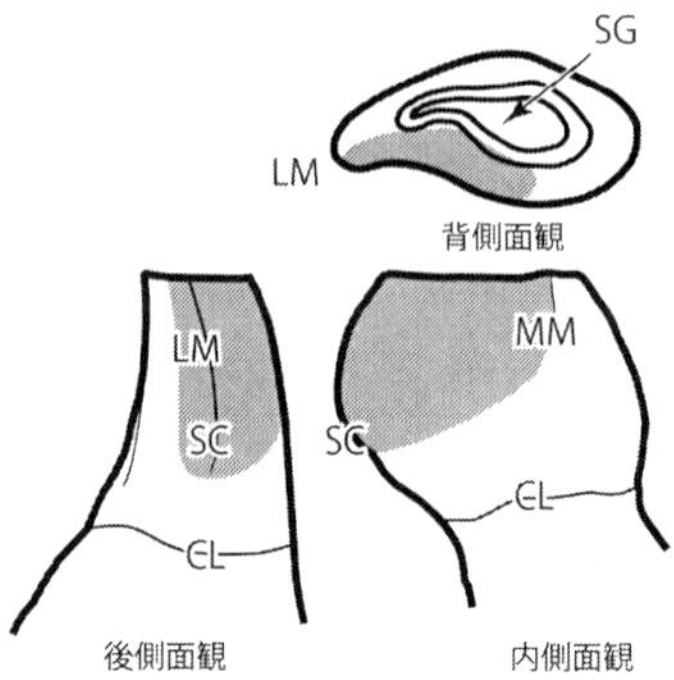

図30A　フナの左側 A1歯

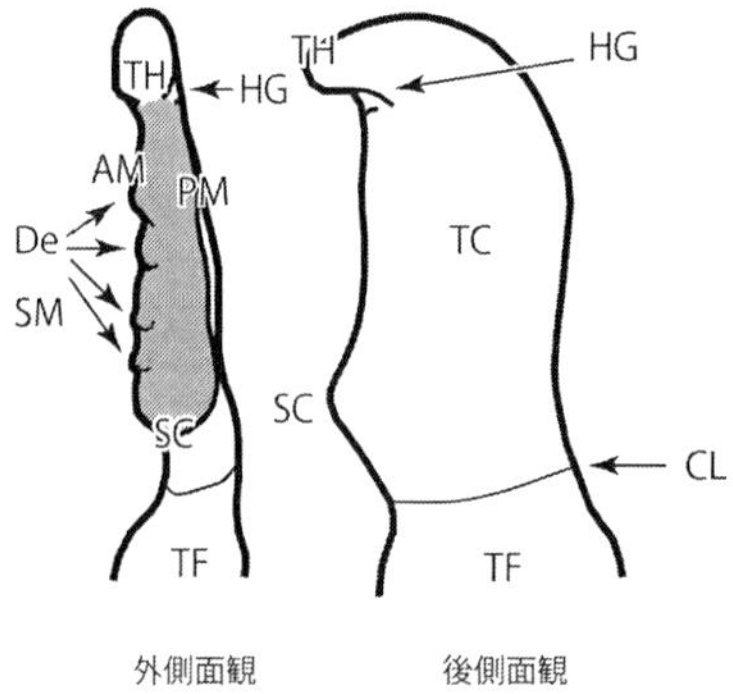

図30E　タナゴ亜科の左側中央歯

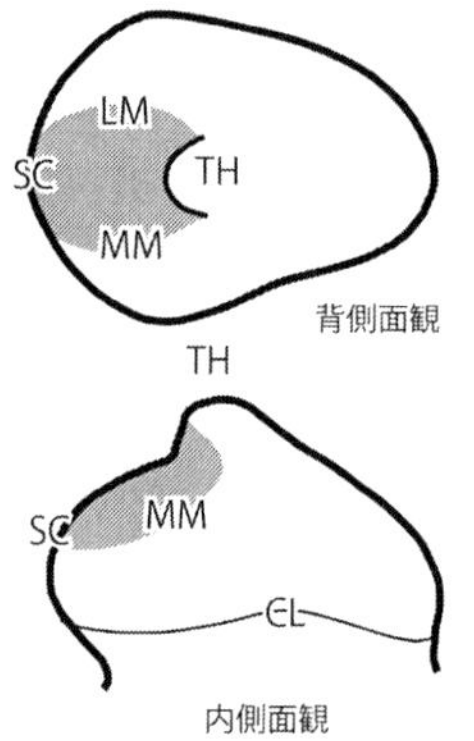

図30B　コイの左側 A1歯

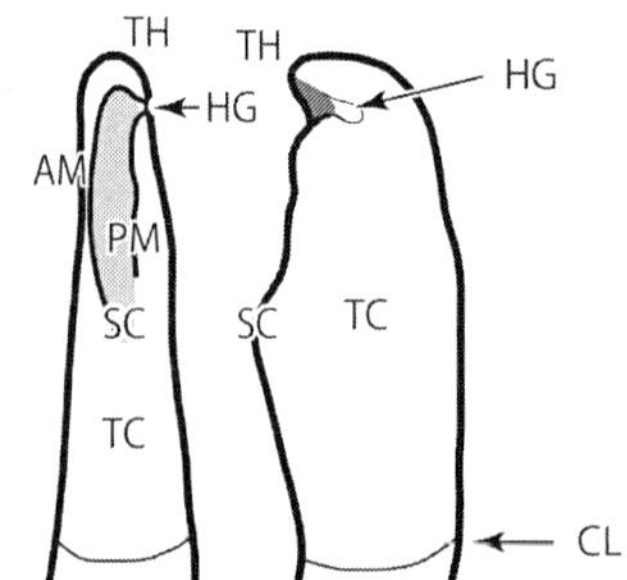

図30F　クルター亜科のワタカの左側中央歯

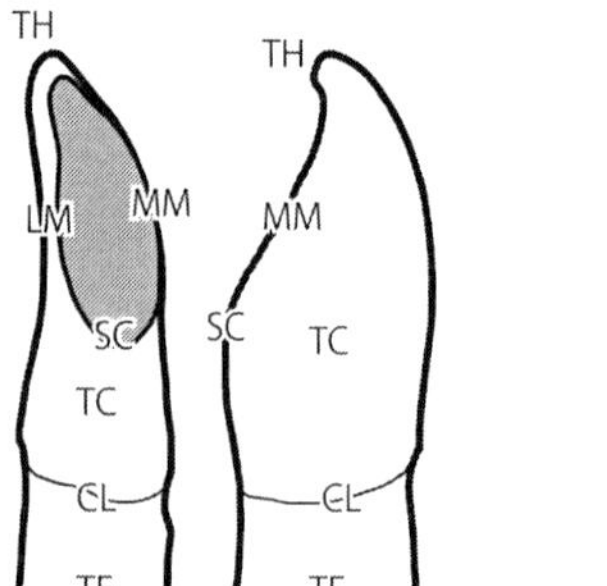

図30C　ダニオ亜科のアープトシアックスの左側中央歯

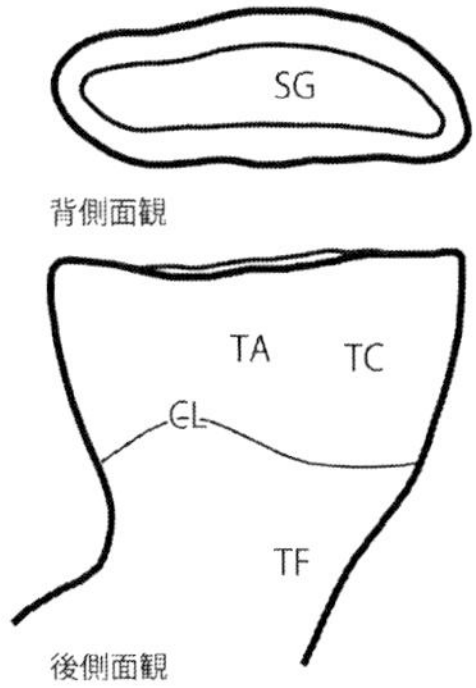

図30 I　フナの左側 A2歯

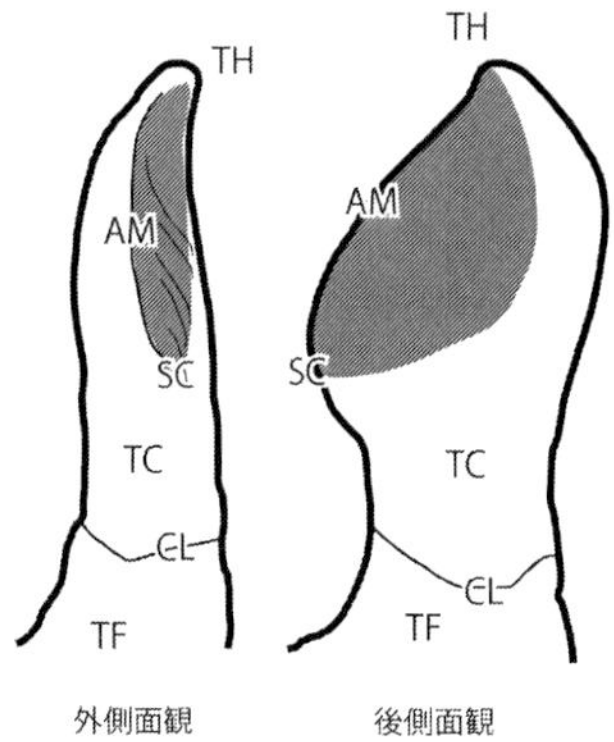

図30 G　カマツカ亜科のニゴイの左側中央歯

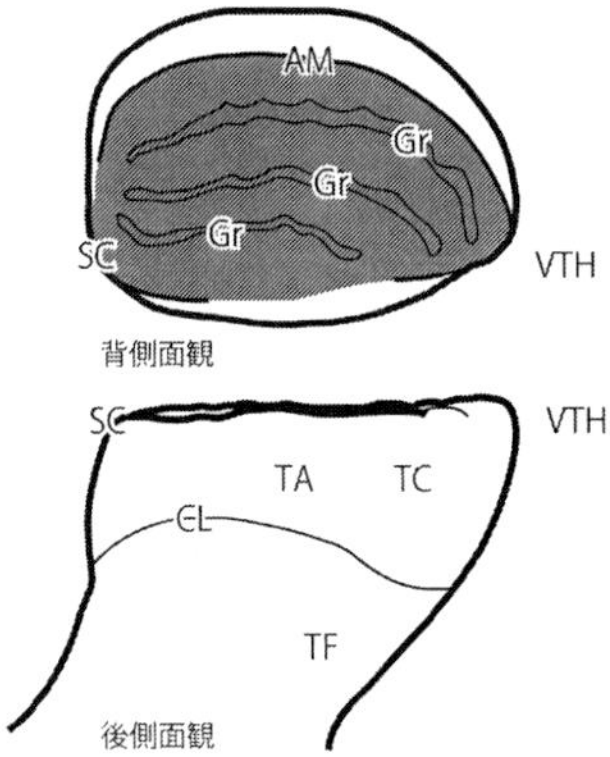

図30 J　コイの左側 A2歯

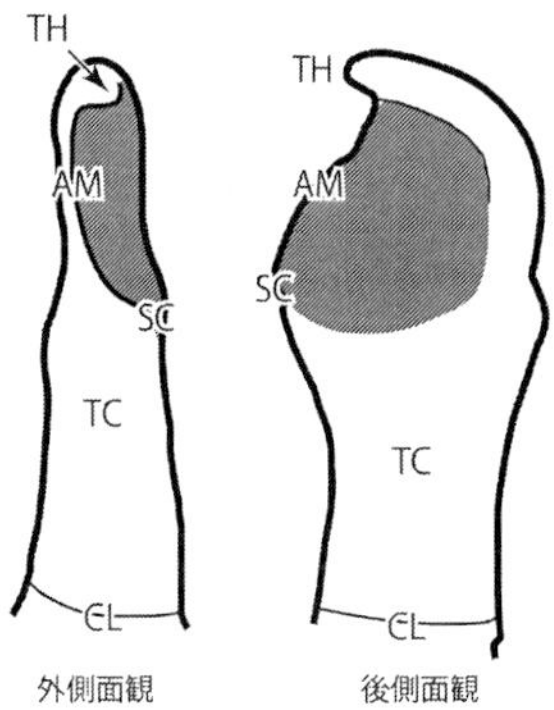

図30 H　カマツカ亜科のカマツカの左側中央歯

各図記号の説明

AM 前縁、Bu 隆起、CL 歯頚線、De 小結節、Gr 咬合面溝、HG 鉤溝、LM 外側縁、MM 内側縁、MR 咬合縁隆線、PM 後縁、SC 肩、SG 二次咬合面、SM 鋸歯状縁、TC 歯冠、TF 歯足、TH 歯鉤、UGr U 字状溝を示す。網掛けの部分は咬合面。フナ属の A1歯は本来の咬合面は咬耗を受け、2次咬合面が形成されている。
(Nakajima, 2018)

形が違っている。フナ属の歯は、第五類であるといったが、実は、A2、A3、A4歯が第五類で、A1歯は、第二類である。副列歯や前方歯は、第二類であることが多く、そのグループの特徴をあまり示していないことが多い。そこでさまざまな種類の咽頭歯の形を比較するばあい、主列後方位の中央歯を問題にすることにしている。ドジョウ科では前方位の三歯が中央歯にあたる。したがって、ドジョウ科やカトストムス科の咽頭歯では前方位の歯が大きく、形態を比較するときに用いられる。

Column

咽頭歯の用語について

本章一節の繰り返しになるが、コイ科成魚の咽頭歯系は一般に一列から三列に配列しており、内側から順にA列、B列、C列と呼ばれる。最内側のA列を主列、それより外側の列を副列という。一列の場合は、主列のみからなる。歯の位置は、各列の前から番号がつけられ、A1の位置に生える歯をA1歯、B2の位置に生える歯をB2歯などと表示される。したがってA1歯という歯は、個々の歯ではなく、位置A1に生えてくる全ての世代の歯である。仔魚の咽頭歯系は成魚の咽頭歯系とは異なるということは本文で詳しく説明したので、ここでは省略する。成魚の咽頭歯系は成魚歯系、仔魚の咽頭歯系は仔魚歯系という。では稚魚の咽頭歯系はどうなのだろうか。複数列の成魚歯系をもつ魚では、仔魚期の終わりから稚魚期の初めにかけて、副列の歯胚が仔魚歯系の歯の外側に現れる。そして、仔魚歯系の歯がほぼ一列にならび、主列が形成され、副列もできあがると、成魚歯系になる。この間、個々の歯の同定が難しくなる。このような時期の咽頭歯系を移行歯系という。成魚歯系がA列のみをもつ魚では、仔魚歯系の歯が一列に並び成魚歯系に移行するので移行歯系は見られない。成魚歯系は、稚魚期には完成するので、稚魚の咽頭歯系は成魚歯系である。

ところで、A列後方の三つの位置の歯を中央歯、それより前の位置の歯を前方歯という。というのは、咽頭歯系の発生において、最初の歯は成魚歯系A列の後ろから二番目の位置に現れ、次にその前後の位置に歯が現れることから、この位置に生える歯を中央歯という。中央歯は全ての種で現れるが、中央歯より前方の位置では、種によって、あるいは種内変異で、歯が現れなかったりする。そこで、この位置に生える歯を中央歯と区別して前方歯という。中央歯と前方歯では形態的にも違うことが多い。一般に、中央歯は種に特徴的な形態となり、前方歯は発生段階の低い状態に留まることが多い。ところで、コイ科の主列歯は、中央歯と前方歯からなるが、ドジョウ科では中央歯と後方歯からなる。ドジョウ科でも中央歯は全ての種で現れ、後方歯には出現に変異が見られる。

次に個々の歯の形態について説明する。歯は咽頭腔に露出する歯冠と咽頭粘膜に埋まり咽頭骨に結合する歯足からなる。哺乳類の歯では歯冠と歯根からなる。歯肉に埋まっている部分が歯根で、歯根は歯槽に納まっている。歯冠はエナメル質で覆われ、歯根は骨組織と同じセメント質で覆われている。歯根と歯槽の間には歯根膜と呼ばれる靱帯が、歯槽骨とセメント質をつないでいる。そのため、哺乳類の歯は、衝撃に強い。コイ科の咽頭歯の場合は、歯足の象牙質が骨組織に移行し咽頭骨と骨性融合している。

咽頭歯の歯冠はエナメロイド層で覆われているので滑らかで光沢がある。歯足は軟組織と結合しているので滑らかではない。歯足と歯冠の境を歯頸線という。歯冠は前方側面、後方側面、内側面、外側面の四面からなる。しかし、各面の境は明確ではない。歯冠の先端には歯鈎がある。歯鈎基部から咬合面と呼ばれる機能面があり、一般に窪んでいる。咬合面の腹側端は一般に高まりとなっている。これを肩という。咬合面は歯鈎基部から肩にかけて見られ二つの咬合縁に囲まれる。第二類(Type2)の歯では歯鈎が前端にあり、咬合面は歯冠後方側面にあるので、咬合縁は外側縁と内側縁となる。第三類(Type3)から第五類(Type5)では、歯鈎が内側端にあり、咬合面はそれより外側にある。したがって、咬合縁は前縁と後縁と呼ばれる。前縁は本来の外側縁で、後縁は本来の内側縁である。

タナゴ亜科やクルター亜科、ラベオ亜科では咬合面からつづく窪みが歯冠後方側面に伸びていることがあり、この溝を鈎溝という。咬合面や咬合縁には小さな突起が見られることがある。これを結節と呼ぶ。ソウギョやタナゴ亜科では、咬合縁に結節がならぶ鋸歯状縁となる。バルブス亜科やシゾトラックス亜科では咬合面が広がり、その上にさまざまな構造が見られることがある。両咬合縁と歯鈎が一体となった咬合縁隆線、咬合面上の高まりである咬合面隆起、咬合縁隆線と咬合面隆起の間のU字状溝が見られることがある。また、咬合面にいく条かの隆線が咬合面なかほどから肩にかけて見られたり、一条の裂溝が咬合面中央に走ったりするものもある。コイの咽頭歯には咬合面にいくつかの溝が見られる。これを咬合面溝という。咬耗を強く受けた歯では、象牙質が露出する。コイ属のA2歯では咬合面溝の部分のエナメロイドが高まりとして残り、象牙質が露出した部分がさらに咬耗を受け溝状になる。これを偽溝という。フナ属やタナゴ亜科、ラベオ亜科、クセノキプリス亜科の歯では咬合面が強く咬耗を受け、面状になって象牙質が露出する。このような面を二次咬合面という。またフナ属の中央歯の歯冠では前後の歯の側面が擦れることによって切子面が形成される。切子面の有無は歯種の同定に役立つ。

歯の発生の分岐と系統との関係

歯の発生が示す分岐図（図31）は、コイ科魚類の系統を表しているようにも見える。歯の形の類型と合わせて考えていくと、いくつかの分類学上の面白い結果が導かれる。

はじめに、バルブス亜科とコイ亜科についてである。バルブス亜科とコイ亜科は外部形態が類似し、従来同じ亜科にされたり、系統関係が近いとされたりしてきた。しかし、両者の歯は、発生過程の初めに分かれ、それぞれ別の方向に歯を発展させている。両者とも最後に中央歯の咬合面を背側に向けるという点では同じである。バルブス亜科の大部分やシゾトラックス亜科の中央歯では、歯頭部を屈曲させ、咬合面を後方に向かせたまま背側に向く。つまり、Type2の状態で咬合面を背側に向かせる。コイ亜科では歯頭部をねじらせて、いくつかの段階をへて、最終的に咬合面を背側に向かせている。咬合面を背側に向かせる適応的な意味は、歯軸と筋肉の作用方向を一致させることになるので、強い力で餌を咬むことができる。バルブス亜科とコイ亜科は生態的にも底性生活者が多いので、髭や背鰭の棘の存在などの外部形態がよく似ている可能性がある。

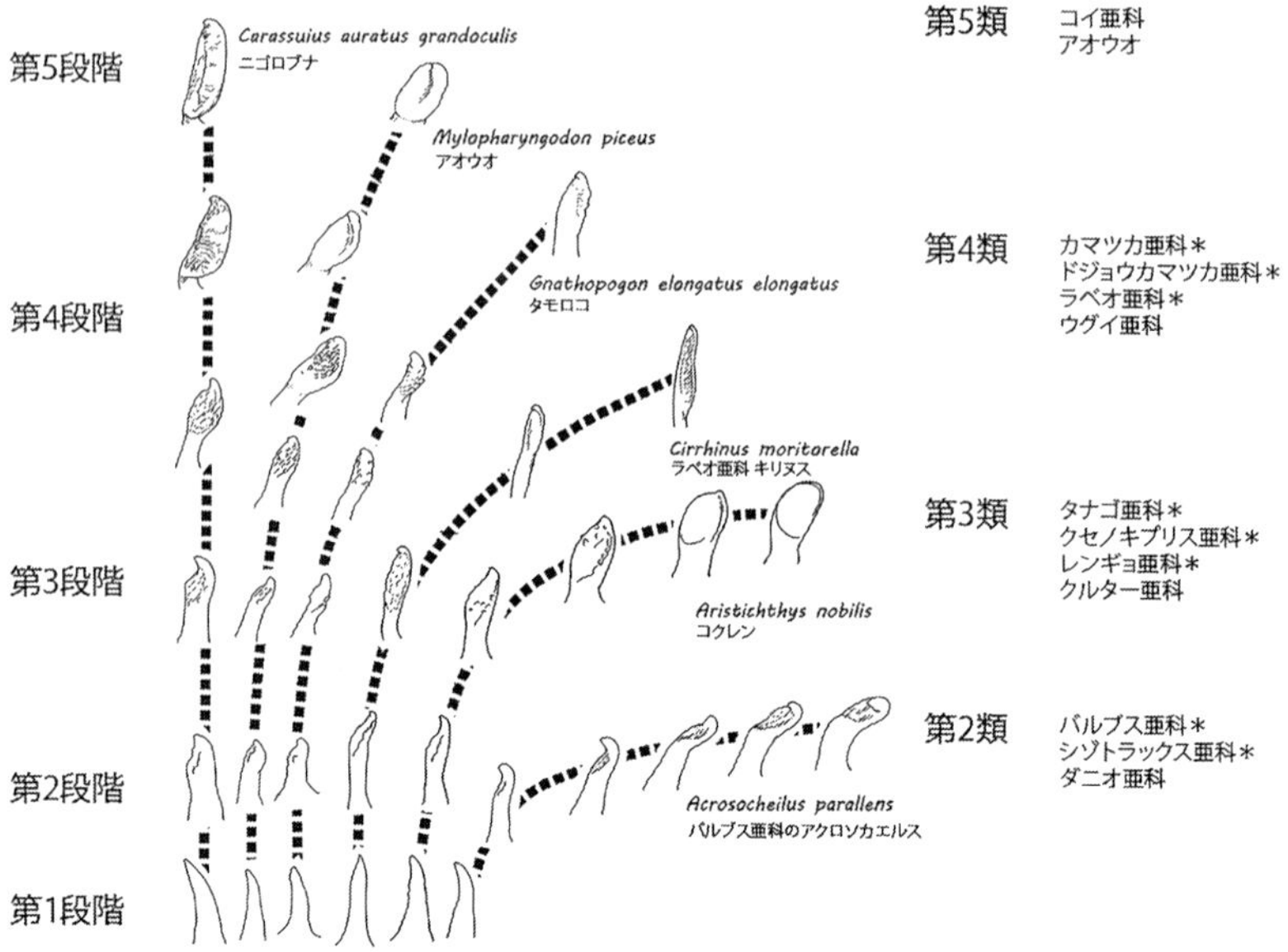

図31　ニゴロブナの咽頭歯の発生段階とそれにもとづく中央歯の類型
＊をつけた亜科はほとんど全ての種類がその類型になる。コイ亜科はフナ属、コイ属、カラシオイデス属は第5類、ウグイ亜科、クルター亜科、ダニオ亜科は各類型におさまらない多様なものを含んでいる。

つぎに、さまざまな亜科の中に、無理矢理入れられていた可能性のあるものが見えてくる。たとえば、コイ亜科に含められているプンチオプリテス *Puntioplithes* やプロキプリス *Procypris* という南中国から東南アジアに分布する魚たちはバルブス亜科の歯の形をしている。ウグイ亜科、あるいはチンカ亜科と言われる中央アジアからヨーロッパに分布するチンカ *Tinca*、さらにアオウオはコイ亜科と同じ第五類に近いことになる。ダニオ亜科のエソムス *Esomus* やアスピドパリア *Aspidoparia* もダニオ亜科の歯とはだいぶ違っている。日本に分布するカワバタモロコはダニオ亜科ではなく、クルター亜科に近く、ヒナモロコとの外部形態の類似は他人のそら似なのかもしれない。

歯の発生過程がそのまま系統進化を表しているとはいえないが、ある程度、それを表していると考えられる。しかし、最近、大きな成果をあげている分子系統解析の結果とつきあわせが必要である。しかし、残念ながら、私の勉強不足でそれができていない。外部形態による「古典的な分類」では、収斂によって形質がモザイク状に交錯している状態なので、コイ科の系統解析や亜科の分類はたいへん困難を極めてきたことは確かである。

第三節　日本列島は化石の宝庫

図32　壱岐島の長者原珪藻土層の露頭

「ワタカ」の化石

私が研究を始めるきっかけとなった魚がワタカである。学生時代に国立科学博物館の故友田淑郎《よしお》先生の研究室によく遊びに行っていた。そのとき、友田先生は、ワタカに似た壱岐の化石を研究されていた。

ワタカは琵琶湖の固有種で、東アジアに特有なクルター亜科に属している。クルター亜科魚類は、日本にはワタカ1属1種のみ分布するが、中国には、およそ15属60種が生息している。現在の分布の仕方からみると、むかし、大陸と日本列島が陸続きだったころに大陸から、ワタカの祖先が渡ってきて、日本列島で固有の属に進化し、ワタカが過去の琵琶湖水系で誕生したと考えられる。しかし、この常識は本当なんだろうか。

長崎県壱岐市芦辺町の長者原《ちょうじゃばる》からは古くから化石が出土することが知られていた。大正８年（１９１９）に、アメリカの魚類学者であるジョルダン

(Jordan) によって壱岐の化石がイキウス ニッポニクス *Iquius nipponicus* として記載されている。壱岐団体研究会に参加し、化石の発掘をしたり、友田淑郎先生の研究を手伝ったりしながら化石の研究を始めたのである。

イキウスの化石がふくまれる地層は、前期中新世のものとされている。長者原の地層は、植物プランクトンの珪藻が湖の底に積もってできた珪藻土で、バームクーヘンのようなきれいな縞模様があり、薄くはがすことができる。露頭にツルハシを打ち込み、珪藻土を崩す。ほどよい大きさにし、縞模様に包丁をあてて珪藻土を割る。運が良ければ化石が出てくる。

図33　長者原珪藻土層
葉理がバームクーヘンのように見える。黒い砂泥の多い層と白い珪藻の多い層のセットが、1年間に形成される。

博物館などで見る化石は、ふつう黒っぽい褐色で、あまり色彩的に美しいものではない。しかし、地層の中から初めて出てくる化石はたいへんきれいな色をしている。壱岐の魚類化石は、鮮やかな朱色である。それが、みるみるうちに褐色の化石色に変わっていくのである。化石の成分が酸化されるためである。化石の本当の色を見ることを許される人は、実際に化石の発掘に携わった人だけである。

図34　壱岐長者原珪藻土層から産出する化石（滋賀県立琵琶湖博物館蔵）
クルター亜科（左）とクセノキプリス亜科（右）

壱岐の長者原珪藻土層から産出する化石の多くは、ワタカに近いものであったが、ワタカとは違っていた。背の部分が盛り上がり、身体が薄いことがわかる。背鰭には太い滑らかな棘《きょく》がある。臀鰭《しりびれ》の鰭条《きじょう》数が多く、臀鰭の付け根が長い。これらの特徴はクルター亜科のものである。

化石を同定するには、どうしても中国に現生するクルター亜科魚類と比較しなければならない。しかし、当時、中国の標本を見ることは、ほとんど不可能だった。化石を研究する上で唯一のよりどころとなったのが、湖北省武漢にある中国科学院水生生物研究所の伍献文先生が中心になって編集した『中国鯉科魚類志』であった。この本を見ながらクルター亜科のどの種類であろうと想像はしたが、それから先が進まなかった。

最初の論文

壱岐の化石をクリーニングして、余分な珪藻土を落とし、骨格を観察しやすくする。さらに化石はもろく壊れやすいので、樹脂で補強する。このような作業をしながら、顕微鏡をのぞき咽頭歯を探した。

壱岐の化石魚類相は多様な魚種で構成されている。小さな細長い魚、大きなもの、臀鰭の条数の多いもの、比較的少ないもの、様々であった。しかし、

図35　イキウスニッポニクスのタイプ標本
（カリフォルニア自然科学アカデミー蔵，友田淑郎氏撮影）

大部分の化石は、頭蓋骨との関節付近の脊椎骨と肋骨の形態からコイ科魚類であることは明白であった。

ところがジョルダンはニシン目のイキウス ニッポニクス *Iquius nipponicus* という学名で壱岐の化石を記載していた。カリフォルニア自然科学アカデミーに保存されているイキウスの模式標本も、コイ科の化石であることが脊椎骨の状態からすぐにわかった。この化石を再記載しなければならない。そこでイキウスと同じと思われる化石の咽頭骨や咽頭歯を探した。壊れた鰓蓋の間から咽頭歯が覗いている標本があった。やっと見つけた咽頭歯は側扁し咬合面が激しく咬耗を受けたクセノキプリス亜科特有のものであった。その他にコイ属の化石も見つかり、壱岐の化石魚類相は、クルター亜科、クセノキプリス亜科、コイ亜科を中心に構成されていることがわかったのである。これら壱岐の化石魚類相の概要について記載した友田先生らとの共著の論文が私の最初の論文であった。この化石の発掘や研究に携わったことがきっかけとなり、大学院での研究テーマをワタカの骨格の発生にしてみようと漠然と考えたのである。

Column

友田淑郎先生とのかかわり

友田先生との出会いは、私が高校生のころである。私は東京の下町、上野公園のふもとで生まれ、中学校、高校と上野公園の中で過ごした。高校では生物部で魚を採ることを楽しみにしていた。顧問の先生から部員たちに、「科学博物館でアルバイトをしないか」という話があり、魚を採りに外房まで行く電車賃欲しさに、科学博物館へでかけていったのがきっかけだった。それ以来、友田先生が亡くなるまで、半世紀以上のお付き合いとなった。

はじめは偉い先生と思っていたが、そのうちにとんでもない人だということも分かってきた。先生の生活は研究以外なにも考えていないのではないかと思うほど夢中になる。時間についての観念がない。したがって夜遅くでも長電話がかかってくる。一緒に行動すると、やきもきしながら振り回されるのである。

先生は大阪大学の理学部物理学科を卒業し、高校の先生をしばらくしてから、京都大学大学院の理学研究科動物学教室に入学された。進化学の研究をしていた徳田御稔《みとし》先生の研究室で琵琶湖のビワコオオナマズやイワトコナマズの新種の記載やニゴロブナとゲンゴロウブナの分化についての研究をされた。大学院修了後、昭和40年（１９６５）に国立科学博物館に就職されたため、私は先生と出会うことになった。

そのころの先生は、壱岐の化石について研究されていた。当時、私は東京都立大学理学部化学科の学生であったが、大学紛争の真っ最中で授業は全くといっていいほど行われていなかった。大学へ行ってもしようがないので、科学博物館の先生の研究室にいりびたっていた。その結果として、壱岐の化石を研究するお手伝いをし、私の最初の論文が先生他と共著の壱岐の化石についての記載となったのである。また化学より生物学の方が面白くなり、先生のお勧めもあったので、徳田御稔先生のあとを継いだ田隅本生《たすみもとお》先生の動物系統学の研究室を受験し、友田先生の後輩となった。コイ科の咽頭歯や化石の研究と友田先生の影響を受けながら私の研究は始まったのである。

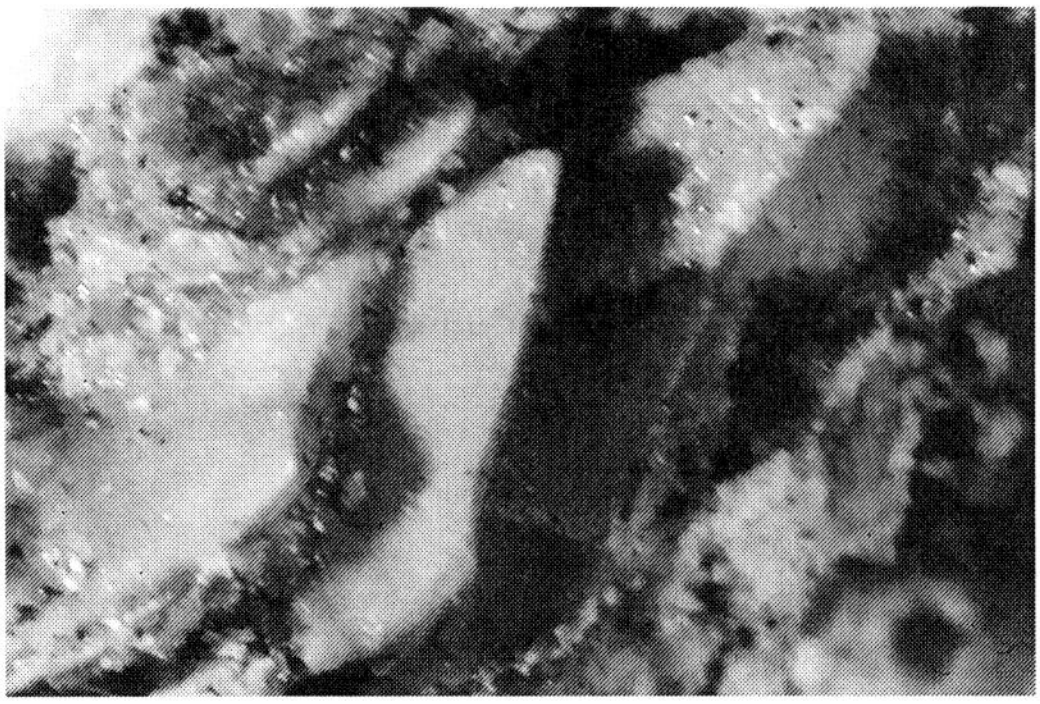

図36　イキウスの化石で見られる咽頭歯(友田淑郎氏撮影)

古琵琶湖からの魚類化石

昭和40年代の地質学の常識では、日本列島から淡水魚の化石が見つかるとは考えられていなかった。壱岐の化石の記載論文を発表した前後から、魚類化石の産地についての情報があちこちから集まってきた。実は、日本列島はコイ科魚類化石の宝庫だったということが次第に明らかになってくる。

当時、化石が見つかる地層は、そのほとんどが前期中新世という時代に集中していた。また、化石の産地はみな日本海沿岸のいわゆるグリーンタフ地域と呼ばれる地域に限られていた。中新世と現世(完新世)の間、鮮新・更新世からはほとんど化石の報告がなかった。この時代の淡水の地層といえば、大阪層群や古琵琶湖層群である。

大阪層群が分布する地域はすでに開発が進み、化石を探すのが困難であった。しかし、古琵琶湖層群が分布する滋賀県や三重県では、開発が進もうとしていた時代で、化石が見つかる露頭がたくさんあった。三重県から滋賀県にかけて、そんな露頭を、化石を求めて走り回った。露頭を叩くハンマーの先が、古琵琶湖のシルトで短く研磨され、何本かハンマーを新しくした。しかし、古琵琶湖の地層からは、貝類の化石ばかり見つかり、魚類化石はなか

図37　三重県伊賀市の服部川の河床に露出する大山田粘土層の露頭、および露頭一面にみられるイガタニシの化石

なか見つからなかった。

三重県伊賀市の大山田村を流れる服部川の河床には、古琵琶湖層群の最下部の地層である上野層の大山田粘土層が広く露出し、イガタニシの化石が一面に散らばっている。

昭和53年（1978）の夏、アユが藻を食むせせらぎのかたわら、真夏の焼け付くような日差しの中で、イガタニシやドブガイの化石を発掘していた。当時、三重県立神戸《かんべ》高校の生徒であった伊藤正幸さんは、泥岩の中に埋まった黒い小片をみつけ、私に質問した。その黒く光る小片が、壱岐から産出するイキウスの仲間のクセノキプリス類の歯であることに気付くのには時間がかからなかった。

この黒く、何とも言えない輝きを放つ数㎜の破片が、上野層から初めて発見されたコイ科魚類の化石として報告された。この化石によって、伊賀コイ科魚類相と呼ばれる豊かで多様な化石魚類群集を見つけるきっかけとなった。また、咽頭歯化石という新しいジャンルが、古生物学の研究に加えられたのである。

図38　大山田粘土層から初めて報告されたクセノキプリス類の咽頭歯化石（友田淑郎氏撮影）

伊賀コイ科魚類相

大山田村に分布する上野層は、あまり深くない湖にたまったシルトからなり、大山田粘土層と呼ばれている。大山田粘土層から発見されるコイ科魚類は、多い順に、コイ亜科、クセノキプリス亜科、クルター亜科、カマツカ亜科、ウグイ亜科、タナゴ亜科、レンギョ亜科からなっている。この化石魚類相は、現在の日本列島に分布するものよりも亜科の数において多い。ダニオ亜科は化石としてまだ見つかっていないが、おそらく当時の湖にもすんでいたはずである。ダニオ亜科の存在が確認されれば、その後の古琵琶湖の歴史の中で、消滅する亜科はあっても、新たにつけ加わるものはない。

古琵琶湖層群の咽頭歯化石は、咽頭歯系が完全に揃ったものが少なく、単独の咽頭歯としてみつかるため、種を確定することはなかなかできない。しかし、構成種はどうみても現生種とは違っている。大山田粘土層から見つかるコイ科魚類の多くは、現生属であるが絶滅種である。また、亜科の構成からみて、現在の琵琶湖の魚類相と大きく異なり、前期中新世のそれに似ている。このような特徴をもつ当時のコイ科魚類相を伊賀コイ科魚類相と呼ぶことにしたのである。

可児コイ科魚類相

岐阜県可児市と美濃加茂市の境を流れる木曽川左岸（可児市側）には、前期中新世の地層である可児層群蜂屋層が露出している。ここからは哺乳類化石や貝類化石が産出することが昔から知られていたが、咽頭歯化石も見つかっている。ここから発掘した数千におよぶ咽頭歯をひとつひとつ同定した。驚くことに、咽頭歯化石の80％以上がクセノキプリス亜科のものであった。その他には、コイ亜科のコイ属、フナ属に似た咽頭歯、クルター亜科、カマツカ亜科、ウグイ亜科、タナゴ亜科の咽頭歯化石が見つかっている。たくさんの咽頭歯が見つかり魚類相の構成がよく分かる可児コイ科魚類相は、前期中新世の代表的コイ科魚類相である。

前期中新世の化石産地は、日本海沿岸地域に点在しており、そこから産出する化石は、クセノキプリス亜科、クルター亜科、コイ亜科が中心である。どの産地からもクセノキプリス亜科の化石が見つかる。クセノキプリス亜科は、当時の日本列島の化石コイ科魚類相の中で優占していたのである。

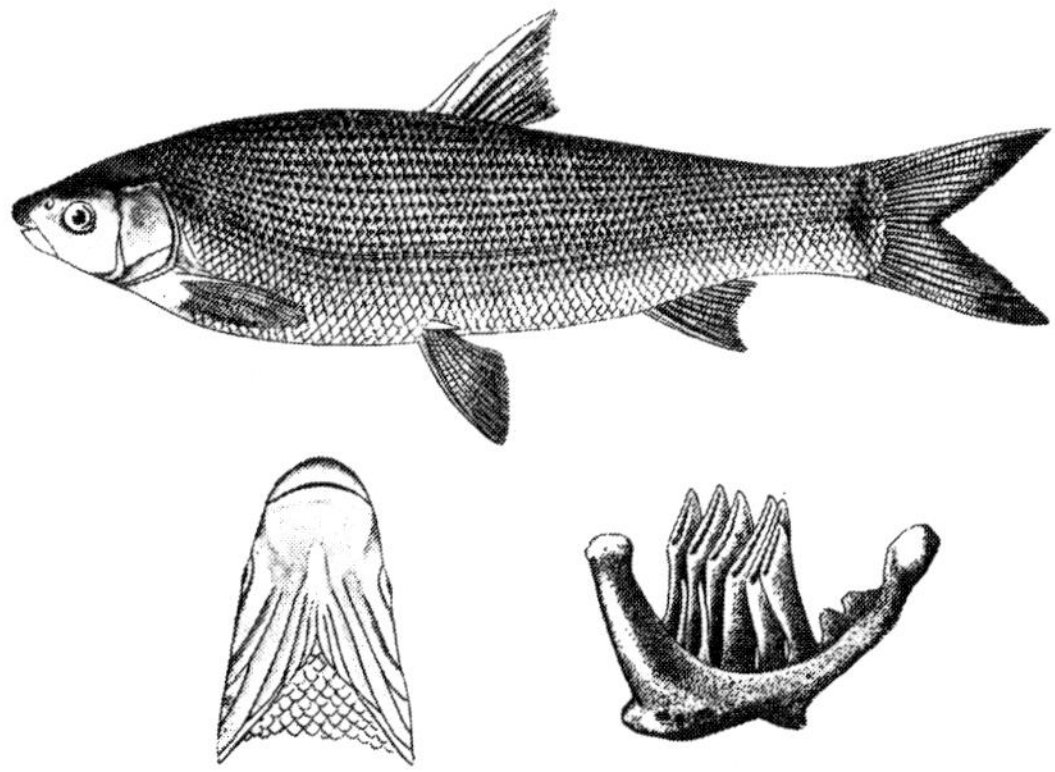

図39　現生のクセノキプリス類(上:*Distoechodon tumirostris*)とその下顎(下左)、右側咽頭歯系(下右)
下顎は下位で、その縁は角質化し、鋭利になっている。主列歯は薄く側扁した歯が並び、副列歯は棒状である。(伍ほか、1964)

クセノキプリスの化石

クセノキプリス亜科は、クルター亜科ほどではないが、体が側扁して薄く、背鰭には滑らかな棘をもち、臀鰭条数も比較的多い。多くの点でクルター亜科魚類と似ている。しかし、摂餌器官の口唇や咽頭歯系に特徴がある。咽頭歯系は一列から三列に配列し、主列歯は側扁し薄く、よく咬耗を受け、二次咬合面が形成されている。副列歯はモヤシのように細い歯である。下顎骨が短く、口は下位で、下向きについている。口唇が角質化し鋭くなっている。この口唇によって岩などに付着している藻類を削り取って餌としている。

イキウスを初めとする前期中新世の地層から見つかるクセノキプリス類の化石は、咽頭歯の特徴こそ側扁した二次咬合面がある咽頭歯であるが、下顎骨が長く口はふつうの魚と同じ端位で吻の先端にある。クセノキプリス亜科魚類は、まず咽頭歯が先に特殊化し、その後、口の形態が特殊化したということが、化石から分かった。

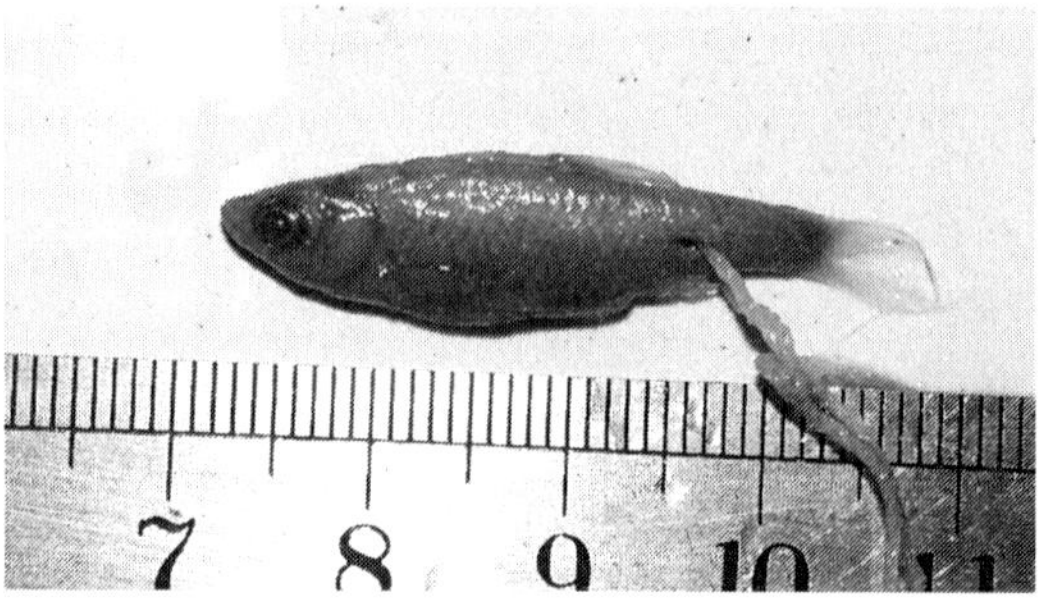

図40　*Xenocyprioides parvulus* のタイプ標本
（中国科学院水生生物研究所蔵）

ところで、現生のクセノキプリス亜科は、クセノキプリス *Xenocypris*、ディステーコドン *Distoechodon*、シュードブラーマ *Pseudobrama* の三属に分けられている。これら三属は、皆、口が下位で下向きについている。したがって前期中新世のクセノキプリス亜科の化石は、絶滅属であることになる。ジョルダンはニシン目としてイキウス属を記載したが、既に記載されている現生のどの属とも一致しないことから、この属名は有効である。したがって、イキウス属はコイ科クセノキプリス亜科の絶滅属であるイキウス属ということになる。

ところで、最近、体型がダニオ亜科とよく似た小さな数cmの現生の小さな魚が中国の広西で発見された。口は端位であったが、咽頭歯がクセノキプリス亜科のものであった。そこで、クセノキプリス亜科のクセノキプリオイデス *Xenocyprioides* として記載された。この魚は中新世のクセノキプリス類の生き残りなのであろう。

第三紀の日本と中国の化石

前期中新世、鮮新・更新世とコイ科魚類の化石が見つかるようになってきた。日本列島の化石魚類相の変遷を語ることができるようになった。中国大

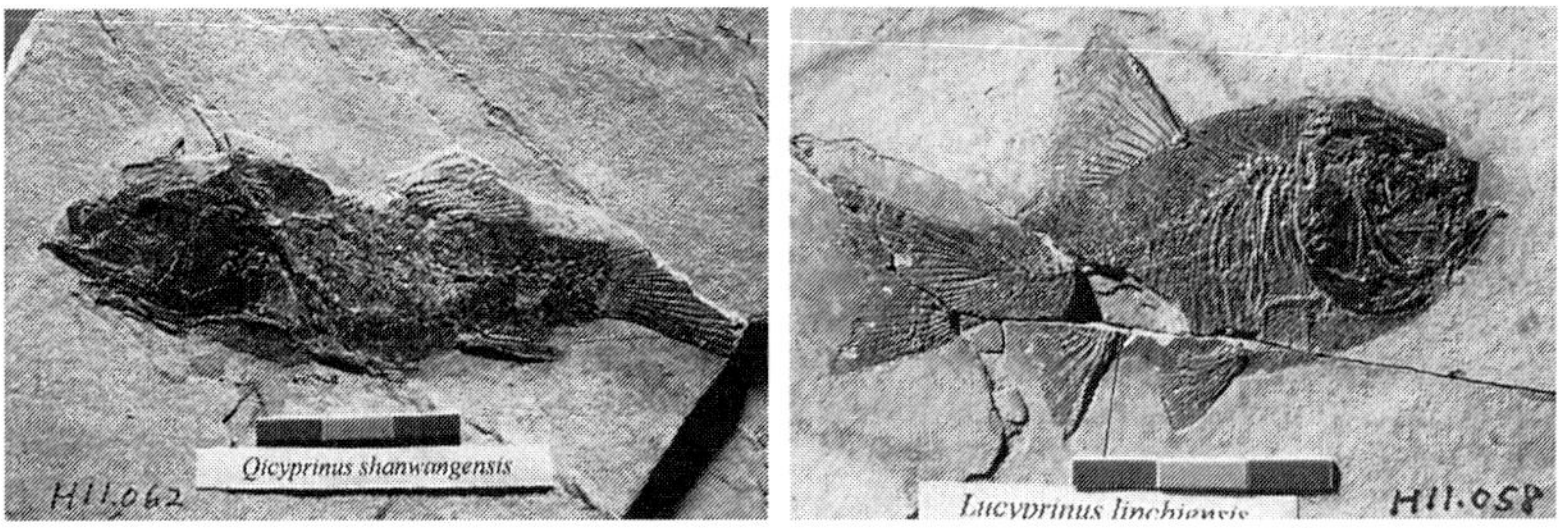

図41　山東省山旺から出土したコイ亜科の *Qicyprinus* と *Lucyprinus* の化石（中国科学院古人類生物研究所蔵）
２属ともフナ型の側扁した咽頭歯をもつが、咽頭歯系は1列ではない。これらの化石は福井県、岐阜県や三重県の中新統からも見つかる

陸の化石魚類相と比較しながら、日本列島の現在の魚類相の成立について考えてみたい。

古第三紀の日本列島からはコイ科魚類の化石が見つかるような地層があまりなく、化石が見つかっていない。化石が見つかる可能性のあるのが、北九州の炭田地帯の佐世保層群などである。この地層からの化石については、後で詳しく説明することにする。

一方、中国では山東省の渤海《ぼっかい》湾沿岸地方や広東省の三水《さんしゅい》盆地、茂名《まおみん》などからコイ科魚類の化石が見つかっている。この化石コイ科魚類相については分類がまだ不確実であるが、ウグイ亜科、ダニオ亜科、カマツカ亜科、ラベオ亜科、バルブス亜科、コイ亜科からなっている。また、渤海湾のボーリングコアから見つかった化石咽頭歯の中にはどの分類群に入れたらよいか分からない未知のものも多数含まれている。

前期中新世になると日本列島からは、日本海沿岸地域や瀬戸内地域から壱岐魚類相や可児魚類相に代表されるたくさんの化石が見つかっている。これに対して、中新世の中国の代表的化石産地は山東省の山旺《しゃんわん》盆地である。ここから、さまざまな哺乳類化石などとともに山旺コイ科魚類相として知られる化石群集が発見されている。この魚類相を構成するコイ科魚類は、ウグイ亜科、バルブス亜科、コイ亜科、カマツカ亜科などが中心で、その多くが絶滅

図42　山西省楡社から出土したクルター亜科とクセノキプリス亜科の化石（中国科学院古人類古脊椎動物研究所蔵）
古琵琶湖の時代の魚類相とよく似た化石が出土している

属からなっている。この中には、クルター亜科やクセノキプリス亜科という現在の中国平原部でふつうに見られる魚たちが含まれていないのである。中国でクセノキプリス亜科が現れるのは、後期中新世になってから、クルター亜科は鮮新世になってからである。

　鮮新世になると、中国の魚類相は山西省の楡社《ゆしゃ》魚類相に代表される魚類相に変わる。楡社盆地から見つかるコイ科魚類化石は、クルター亜科、クセノキプリス亜科、レンギョ亜科、コイ亜科などからなる。ここから見つかる化石はすべて現生属から構成されており、現代型の魚類相になっている。一方、日本列島の魚類相は、伊賀魚類相に代表されるもので、亜科の構成からみると、中国と日本の魚類相がほぼ同じである。

　中国と日本の古第三紀から鮮新・更新世にかけての化石魚類相を概観していくと次のようなことが分かる。中新世の大陸内部の魚類相は、亜科のレベルでは、古第三紀型の魚類相が継承された古いタイプであり、鮮新世になって現代型のものになる。つまり、中新世と鮮新世の間にギャップがある。クルター亜科、クセノキプリス亜科魚類が繁栄する現代型魚類相は、中国よりも日本列島域に先に現れる。すなわち、大陸の現代型魚類相は、日本列島のあった地域から分布を拡大していったのである。

ワタカのふるさとは「日本海」

日本列島があった地域といったのは、前期中新世までは日本列島はまだ存在していなかったからである。当時はまだ大陸の辺縁部として現在の朝鮮半島からロシアの沿海州あたりに沿って、大陸の一部を構成していた。当然ながら日本海も存在していなかった。古地磁気の研究によれば、日本海形成の時期は中期中新世初頭の１５００万年前から１０００万年前の間とされている。この時期に、西日本は時計回りに、東日本は反時計回りに回転してほぼ現在の位置に落ちつく。その結果、日本海が形成されることになる。

　日本海で行われたピストン・コア・サンプルには、阿仁合《あにあい》型植物花粉群を含む下部中新統の淡水成堆積物が見つかっている。また、大和堆南部、朝鮮半島東部、佐渡、渡島半島などにも、阿仁合型植物花粉群を含む下部中新統の淡水成珪藻土が堆積している。これらのことから、日本海が拡大する以前、そこに大きな淡水湖であったことがわかる。前期中新世の化石産地を当時の古地理図にプロットすると図43のようになる。日本海の前身である大規模な湖沼群に化石産地がならんでいる。日本列島が大陸から離れようとしている大地の裂け目である地溝帯に、この湖はできた。おそらく数１００万年の間、

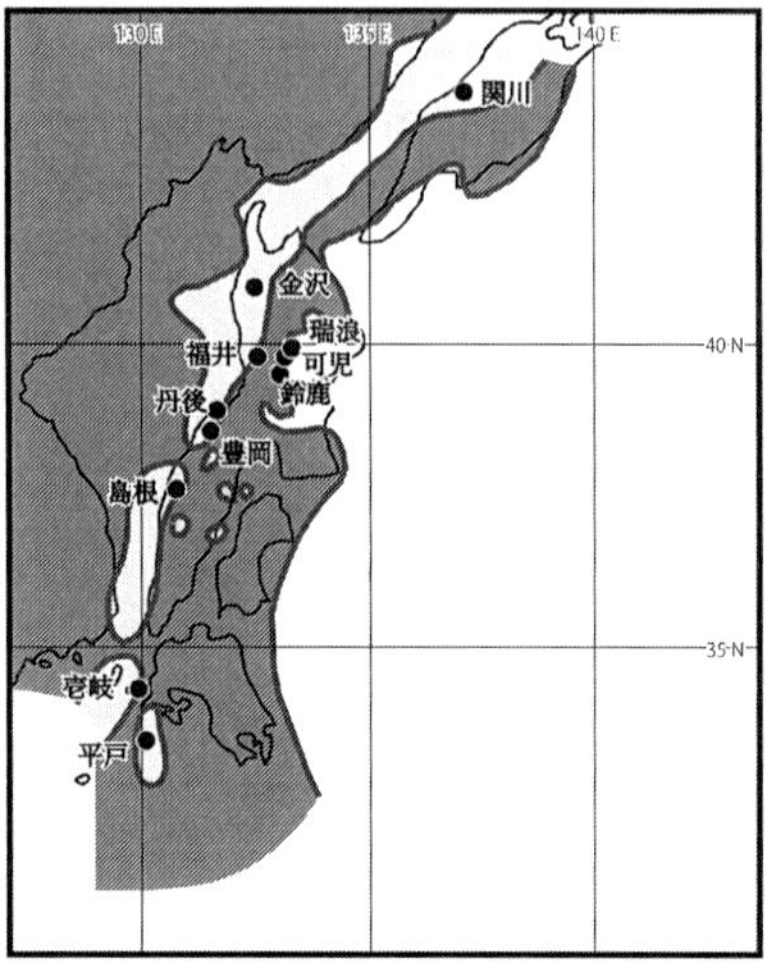

図43　前期中新世における日本列島の位置と地溝帯の大規模湖沼群
当時の化石産地を当時の位置にプロットした。主な化石産地は日本海沿岸地域（グリーンタフ地域）と瑞浪、鈴鹿などの瀬戸内地域である。（Nakajima, 2012）

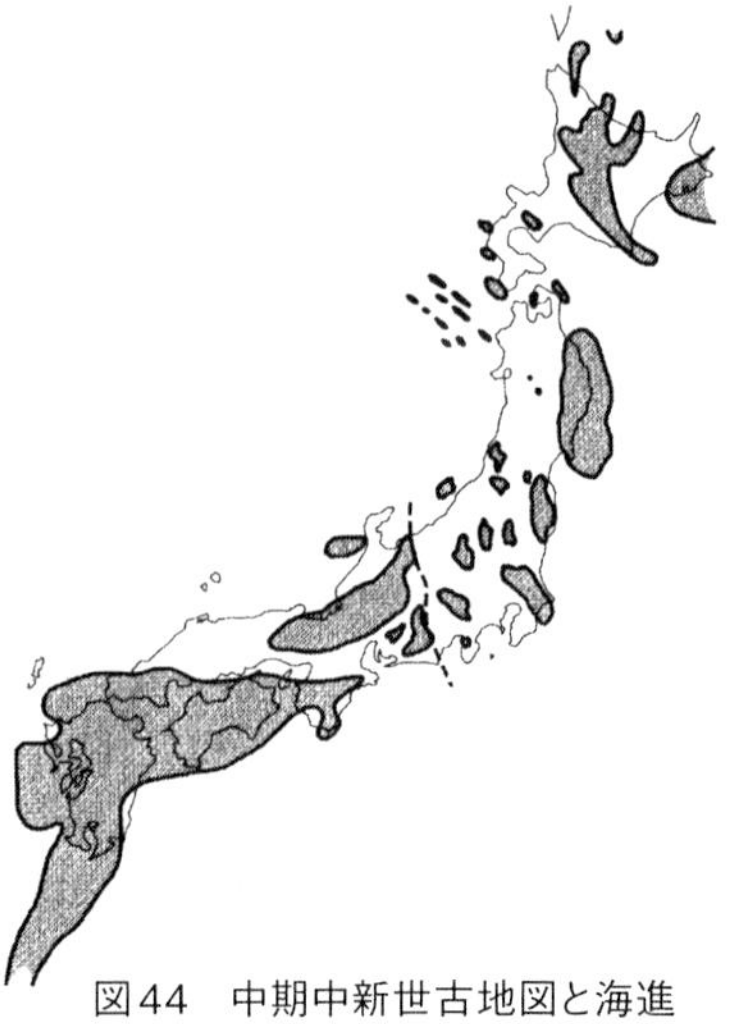

図44　中期中新世古地図と海進
（Minatao et al., 1965）

まんまんと水をたたえた当時の古代湖であったと考えられる。歴史の長い湖である古代湖では、さまざまな水生生物が分化する。そのような生物の中に、クルター類やクセノキプリス類といった古第三紀にはいなかった魚たちも含まれていた。琵琶湖にすむワタカの先祖も、この湖で誕生したと考えられる。

琵琶湖の魚類相はなぜ多様で豊かなのか

　琵琶湖の魚類相が多様なのは、琵琶湖自身の歴史が長く、大きな湖で、多様な環境があるからだと言われている。確かにそのことは間違ってはいない。しかし、琵琶湖が東日本にあったら同じように多様な魚類相が見られただろうか。

　日本列島が、現在の位置に落ちつく中期中新世は地球規模で海水面が上昇する海進期にあたる。東日本、西日本の日本海側は大規模の海進をこうむる。豊かであった淡水魚類相はこれらの地域から消滅する。しか

図45　第二瀬戸内の堆積物にあたる西日本の鮮新更新世の堆積物（黒塗）
（Matusoka, 1987）

しながら、第一瀬戸内の海を除いて西日本には陸地が残っていた。しかも大陸と陸続きであった可能性がある。この時代の西日本には淡水成の堆積物がないので、どのような魚がすんでいたのかわからないが、陸地には川が流れ、そこには前期中新世の豊かな魚類相が引き継がれていたはずである。

後期中新世には海退がおこり、日本列島は広く陸化し、準平原的な陸地となる。そして鮮新世には中央構造線に沿って、その北側に再び沈降域ができ、第二瀬戸内湖沼群が形成される。その中の一つが古琵琶湖である。第二瀬戸内湖沼群は、伊勢湾・濃尾平野地域（東海湖）、上野・近江盆地地域（古琵琶湖・琵琶湖）、大阪平野・大阪湾地域（古大阪湖）、瀬戸内海地域と東西に連なり、朝鮮半島を介さずに、大陸の淡水系とつながっていたかもしれない。したがって、鮮新世の古琵琶湖には、中新世以来のものと新たに大陸との交流によって渡ってきたものが混在する豊かなコイ科魚類相がみられたはずである。その後、古琵琶湖は一度も海の影響を受けずに琵琶湖にいたるわけである。これら一連の地史的な背景が、琵琶湖の魚類相を豊かにしている必要条件となっている。

古琵琶湖の研究

咽頭歯の研究は私の道楽であると言ったが、とりあえず私の職業としての研究であった。大学院で、咽頭歯という「奇妙な」歯ではあるが、歯の研究をしておかげで、私は歯科大学解剖学教室に職を得ることができた。給与をもらえるようになったこと以上にうれしかったのは、咽頭歯の研究を続けることができたことと、学生時代からの夢であった走査型電子顕微鏡を使えるようになったことであった。私の前節で述べた咽頭歯の研究の大部分は、この走査型電子顕微鏡を使って行ってきた。

前にも述べたが、歯科大学では、歯医者になる学生に、魚や哺乳類のさまざまな歯を比較し、ヒトの歯が系統発生の中でどのようにできあがったかという「比較歯学」の講義を行い、顕微鏡を使ってお絵かきをする歯の組織学実習と石膏棒にヒトの歯を彫刻するカービング実習という「絵画」と「彫刻」の実習を指導していた。あとの時間は、研究に費やすことができた。私は職業としての咽頭歯の研究とは別に、趣味の研究として、古琵琶湖の化石を探していたのである。

一人で化石を探すのはたいへんであるが、何人かと一緒に探すと楽になる。

当時、名古屋大学の研究生であった豊橋市自然史博物館の松岡敬二さんと知り合いになり、よく古琵琶湖のフィールドへ出かけた。彼は貝類化石を探し、私は咽頭歯化石を探した。珪藻化石をやはり趣味で研究していた当時名古屋市衛生環境センター研究員の田中正明さんと知り合うことになった。また、壱岐団体研究会以来の知り合いで、山形大学の川辺孝幸さんらを加え「琵琶湖自然史研究会」を組織し、古琵琶湖の研究を本格化させていった。

古琵琶湖と琵琶湖の八つのフェーズ

大山田粘土層からの咽頭歯化石の研究からは、古琵琶湖にもコイ科の魚がいて今の琵琶湖のものと違う種類だということを明らかにしただけである。しかし、他の古生物や地質学の研究者と一緒に古琵琶湖のフィールドを歩くことによって、琵琶湖の自然史が次第にわかるようになってきた。地質学者は地層の重なりの順序、つまり層序を明らかにし、それぞれの堆積環境を示す。そして、その地層から産出する珪藻類や植物プランクトン、植物化石、原生動物、淡水海綿類、軟体動物、コイ科魚類などさまざまな古生物学のデータ、これらを総合することによって、400万年の歴史をもつ琵琶湖の生い立ちと、そこにすむ生き物の生い立ち、環境の変遷を明らかにすることができた。その成果は琵琶湖自然史研究会編『琵琶湖の自然史』にまとめられている。その内容を簡単に説明する。

古琵琶湖は、誕生以来の400万年間、現在のような琵琶湖が延々と続いてきたわけではない。図46~53や表5に示すように、琵琶湖にはさまざまなドラマがあった。古琵琶湖から琵琶湖にいたる歴史は、古琵琶湖層群の七つの地層と現在の琵琶湖の堆積物である琵琶湖層に対応する八つのフェーズからなっている。それぞれのフェーズの古環境について紹介する。

大山田湖の時代(400~320万年前)

花崗岩の基盤にいくつかの直交する断層が生ずることによって、古琵琶湖の歴史は始まる。この断層によって一辺が2~6㎞の小さな窪みがいくつもでき、現在の上野盆地周辺に堆積盆地が形成された。盆地と山地は数100mほどの高さの違いがあり、山地は急崖をなして盆地に接していた。この頃の堆積盆地は、まだ湖といえるようなものではなく、湿地や沼沢地的な環境で、洪水の時にしばしば水につかる程度のものだった。大山田地域に次第に湖水が溜まるようになり、大山田湖が誕生した。

大山田湖の堆積物からは、浮遊性種のアウラコセイラ・プラエイスラン

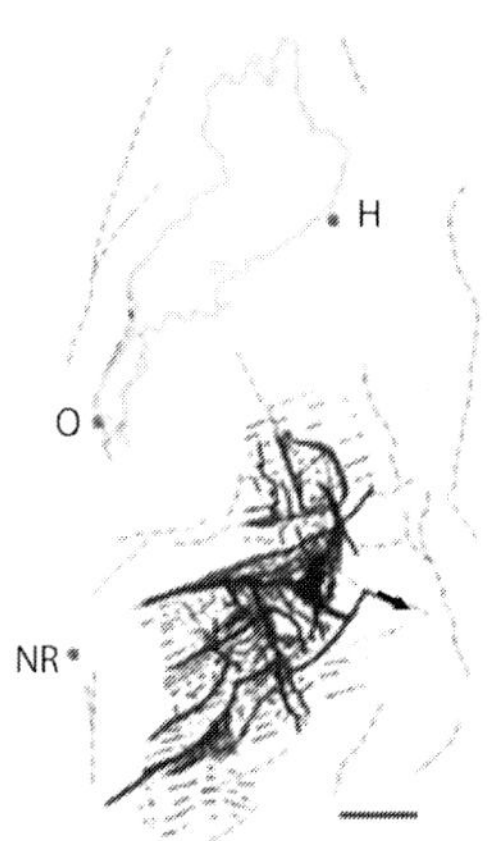

図46　古琵琶湖層群上野層の堆積範囲
図中の濃い部分はかなり長期間の帯水域、その他は河川成堆積物、破線は断層、矢印は流出口を示す。H:彦根、M:水口、NB:名張、NR:奈良、O:大津、T:柘植、U:上野の位置を示す。(川辺、1994を改変)

ディカ *Aulacaseira plaeislandica* を優占種とする珪藻化石群集が見つかり、この群集の中には酸性種や腐食性種も含まれている。さらに、微化石の中には中新世の海産の珪藻や珪質鞭毛虫がしばしば見つかる。これらのことから、安定した湖が存在したこと、内湾や内湖のような環境が発達していたこと、この湖の南の現在の阿波あたりが既に隆起していて、そこから流れ出す河川がこの付近の中新世の地層を削りながら大山田湖に注いでいたことがわかる。

　大山田湖の貝類群集は、生活環境を異にする三つの群集が認められている。伊賀コイ科魚類相としてすでに紹介したが、大山田のコイ科魚類化石群集は、コイ属が優占し、最大２ｍぐらいまでなるコイ属や１ｍほどのウグイ亜科魚類など大型の魚、小型から中型のさまざまな魚類化石が見つかっている。コイ科以外の魚類化石は、ビワコオオナマズと形態的に違わない小型の化石、ギギ属、さらに大型のスズキ科魚類などが見つかっている。浅底生のクセノキプリス亜科やカマツカ亜科魚類がいたことから、河川や沿岸帯がよく発達していたことがわかる。大型の魚がすんでいたことからも、湖は一定の広さをもち安定していたと考えられる。大型の魚食性の魚が多数見つかることから、その餌となる生物の生産量が高く、湖全体の生産量はかなり大きかったと思われる。

　その他の水生生物としては、ワニ類や大型のスッポン類、水辺には肩高４

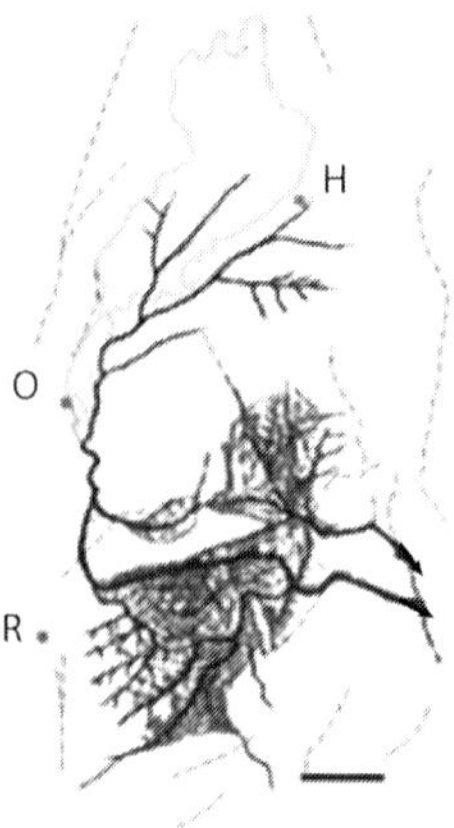

図47　古琵琶湖層群伊賀層の堆積範囲
図中の濃い部分はかなり長期間の帯水域、その他は河川成堆積物、破線は断層、矢印は流出口を示す。H:彦根、M:水口、NB:名張、NR:奈良、O:大津、T:柘植、U:上野の位置を示す。(川辺、1994を改変)

mにもなる大型のシンシュウゾウの仲間が群れていた。珪藻化石の優占種であるアウラコセイラ・プラエイスランディカは温暖な気候を示す種類で、群集の中には熱帯に分布する珪藻も含まれている。その他にもアフリカの熱帯に現生する海綿動物のコルボスポンギラ属 *Corbospongilla* や、アフリカから東南アジアの亜熱帯から熱帯に分布するアフリカヒメタニシ属などの熱帯性要素が多く見られることから、大山田湖の時代の気候はかなり温暖であったと推定される。

伊賀の河川の時代(320〜300万年前)

大山田湖はかなり安定した湖として、豊かで多様な水生生物を育んでいた。大山田湖時代の終わりの頃の地層には、ゾウなどの足跡が頻繁に見られ、湖が浅くなってきた。その後、大山田湖には湖東流紋岩が多く含まれる土砂が供給されるようになる。このことは、土砂が現在の琵琶湖付近に存在していた山地から供給されていて、その山地の削剥が激しくなってきたことを示している。この土砂によって大山田湖は埋め尽くされ、湖は消滅する。この時代の地層は、湖の堆積物ではなく、河川やその後背湿地の堆積物である。この時代から見つかる水生生物は少ない。魚類化石では、フナ属の咽頭歯しか

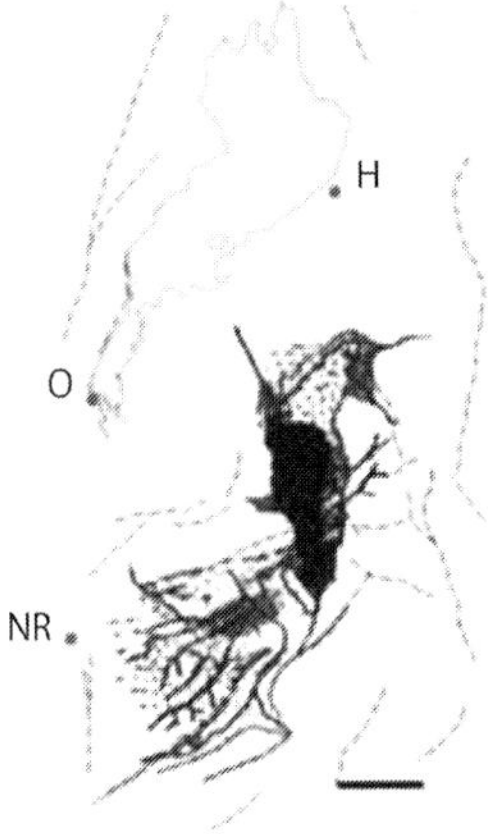

図48　古琵琶湖層群阿山層の堆積範囲
図中の濃い部分はかなり長期間の帯水域、その他は河川成堆積物、破線は断層、矢印は流出口を示す。H:彦根、M:水口、NB:名張、NR:奈良、O:大津、T:柘植、U:上野の位置を示す。（川辺、1994を改変）

見つかっていない。

阿山湖の時代（300〜270万年前）

河川から供給される土砂の量が減り、伊賀・大山田地域から北に再び湖水が広がり出し、阿山湖が誕生する。阿山湖の珪藻類もアウラコセイラ・プラエイスランディカが優占種で、大山田湖の時代と同じように暖かい気候が続いていた。阿山湖の貝類化石については、沿岸帯群集を中心とする貝類がこの時代の前半まで見られ、中期から後半にかけて沿岸帯群集のいくつかの要素が絶滅し、深底部群集を含むものにかわっていく。コイ科魚類では大山田湖で優占していたコイ属が、伊賀の河川の時代から少なくなり、フナ属が優占するようになる。そして、この時代の地層（阿山層）では、コイ科魚類化石の多様性がなくなり、沿岸魚の占める割合が少なくなる。

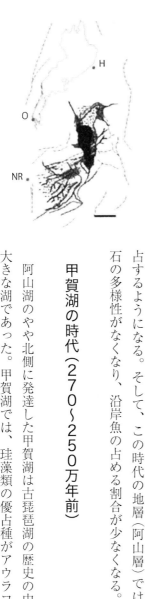

甲賀湖の時代（270〜250万年前）

阿山湖のやや北側に発達した甲賀湖は古琵琶湖の歴史の中で最も安定した大きな湖であった。甲賀湖では、珪藻類の優占種がアウラコセイラ・ソリダ

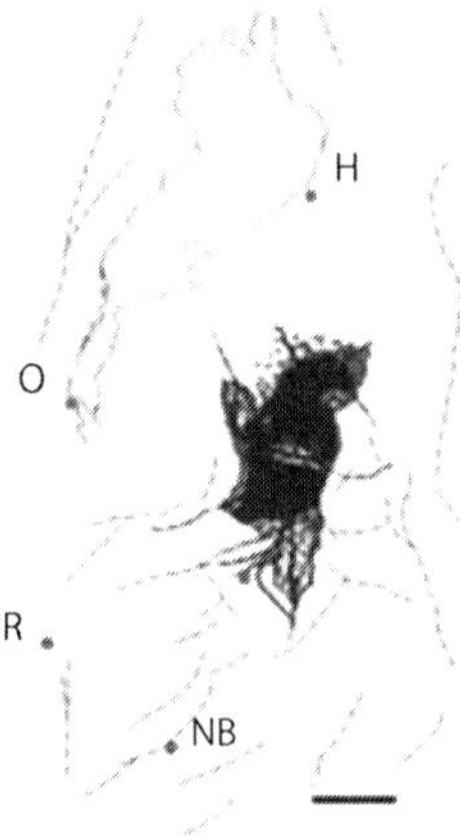

図49　古琵琶湖層群甲賀層の堆積範囲
図中の濃い部分はかなり長期間の帯水域、その他は河川成堆積物、破線は断層、矢印は流出口を示す。H:彦根、M:水口、NB:名張、NR:奈良、O:大津、T:柘植、U:上野の位置を示す。(川辺、1994を改変)

A. solida に変わる。また、浮遊性種のステファノディスカス・カルコネンシス *Stephanodiscus carconensis* の占める割合も増える。アウラコセイラ・ソリダは水温が高くなる夏季には、水深70~90mの湖底にエブヤと呼ばれる沈殿物となる特徴をもっている。このことから、甲賀湖はある程度の深さと広がりをもった湖であることがわかる。また、珪藻類の群集構成から、貧栄養湖から中栄養湖の湖であったことが推定される。

貝類化石では、ムカシフクレドブガイが優占するドブガイ群集が甲賀湖の深底部を占めていた。さらに、甲賀湖に堆積した粘土層には、イトミミズやユスリカの仲間によって作られた生痕化石がおびただしく見られる。このようなことからも甲賀湖は、深底部が広い湖であったと考えられる。

甲賀湖では阿山湖よりもコイ科魚類群集の構成がいっそう単純になり、ほとんどがフナ属となる。また、後背地から削り出され再堆積したような誘導化石もきわめて少なく、流入河川もあまりなかったと考えられる。珪藻化石には酸性種や腐食性種がほとんどないこと、しかも付着性種の割合が少ないこと、さらに、淡水海綿の骨片が堆積物中に極めて少ないことから、甲賀湖は沿岸帯があまり発達していない湖であったことと思われる。急崖をなして山が迫り、深底部まで崖が続くという現在の琵琶湖の北部のような環境を生物群集から推定することができる。

大山田湖から甲賀湖にかけて、珪藻類、貝類、魚類の三つの分類群の変遷の様子は、互いに同調していない。魚類では大山田湖の消滅とともに「コイの湖」が「フナの湖」に変化する。貝類では、阿山湖の前期に、大山田湖からの種の多くが絶滅する。珪藻では阿山湖から甲賀湖になる時に優占種が変化する。安定した大山田湖から阿山湖に移る時、湖は一時的に消滅する。この時、コイ属が激減したり、浮遊性珪藻がいなくなったりしている。安定期の阿山湖の時代になってアウラコセイラ・プラエイスランディカは再び優占種になるが、コイ属は再び優占することはなかった。この間、温暖な気候が続いたが、阿山湖の時代に起きた地磁気の反転にともなう気候の寒冷化、たとえば寺庄寒冷期は生物相の変化に影響を与えたはずである。とくに沿岸帯に生息する貝類群集には大きな影響を与えている。

蒲生沼沢地群の時代（250～180万年前）

甲賀湖はやがて消滅し、その北側に沈降域が移る。では、生物群集から考えられる「蒲生湖」の様子を述べる。「蒲生湖の前期には、アウラコセイラ・ソリダが優占し、ある程度広くて深い湖が推定される。しかし、貝類、コイ科魚類の化石からは、河川、その後背湿地、沼沢、湖沼の沿岸といった

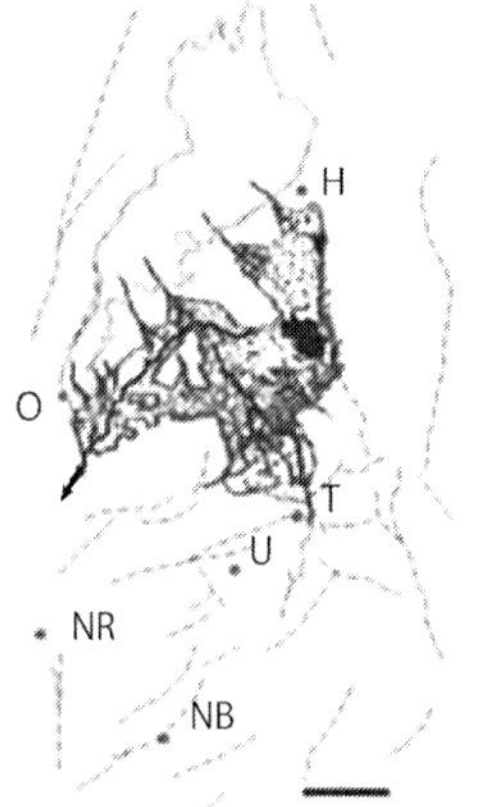

図50　古琵琶湖層群蒲生層の堆積範囲
図中の濃い部分はかなり長期間の帯水域、その他は河川成堆積物、破線は断層、矢印は流出口を示す。H:彦根、M:水口、NB:名張、NR:奈良、O:大津、T:柘植、U:上野の位置を示す。(川辺、1994を改変)

環境が復元される。珪藻化石から推定される環境とくい違っている。しかし、アウラコセイラ・ソリダの化石は壊れていたり不完全なものが多いこと、「蒲生湖」の堆積物の中に甲賀湖に由来する未固結の粘土の礫がたくさん見つかることから、「蒲生湖」の前期にアウラコセイラ・ソリダが優占することは、甲賀湖があった地域がすでに隆起していて、その堆積物からアウラコセイラ・ソリダの化石が削り出され、「蒲生湖」に再堆積していた可能性を示している。こうしたことから、「蒲生湖」は沼沢地的な環境で、湖であってもきわめて不安定なものであった。

「蒲生湖」の時代の中期から後期にかけては、まだ多様な貝類群集が見られる。しかし、珪藻化石は見つからない。さらに、貝類化石も時代が進むにつれて次第に産出量が減っていく。このことから、「蒲生湖」は不安定な湖の時代を経て、貝類の生息に適さないような湿地に変わっていったものと思われる。この時代の終わり頃には、蓮花寺化石林、野洲川化石林、愛知川化石林などが示すようなメタセコイアやスイショウの森林が発達するほどの陸地が広がり、洪水のときに帯水し、森林が埋没するような環境が繰り返された。「蒲生湖」という一連の湖はなく、どちらかという蒲生沼沢地群と呼んだ方がよい環境であった。

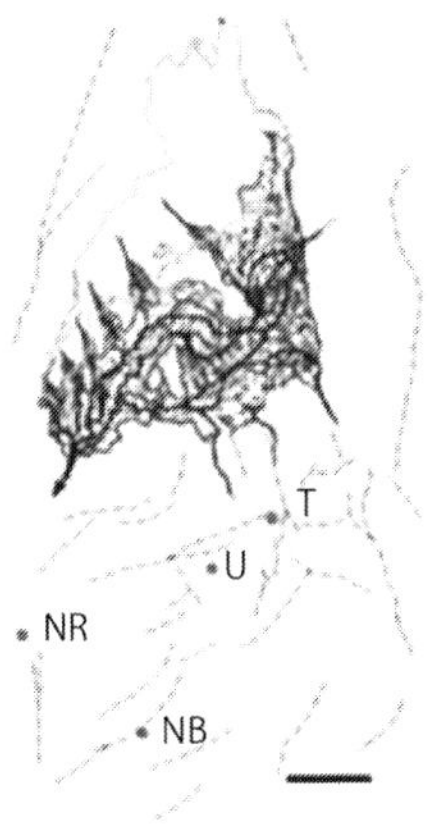

図51　古琵琶湖層群草津層の堆積範囲
図中の濃い部分はかなり長期間の帯水域、その他は河川成堆積物、破線は断層、矢印は流出口を示す。H:彦根、M:水口、NB:名張、NR:奈良、O:大津、T:柘植、U:上野の位置を示す。(川辺、1994を改変)

草津の河川の時代(180〜140万年前)

この時代の堆積物は、蒲生沼沢地の堆積物に比べ、礫がより多く粘土の割合が少なくなる。このような堆積物は河川もしくはその後背湿地に積もったものと考えられる。水生生物の化石が見つからない時代でもある。主にチャートの礫からなる礫層は鈴鹿山地から運ばれたもので、鈴鹿山地が急激に上昇を始めたことを物語っている。この時代以降、古琵琶湖は、これまであった湖東地域から姿を消し、現在の琵琶湖西方丘陵から琵琶湖のあるあたりに移っていく。この時代は新生代第三紀と第四紀のちょうど境目付近である。これより前の時代からは見つからないミツガシワやチョウセンゴヨウなどの第四紀寒冷植物化石が見つかるようになる。大山田湖、阿山湖、甲賀湖、蒲生沼沢地群と続いた第三紀の古琵琶湖は、寒冷化する気候のもとで消滅していった。

堅田湖の時代(140〜40万年前)

堅田湖の珪藻類は、単独で優占種になるものがなく、比較的出現頻度が高

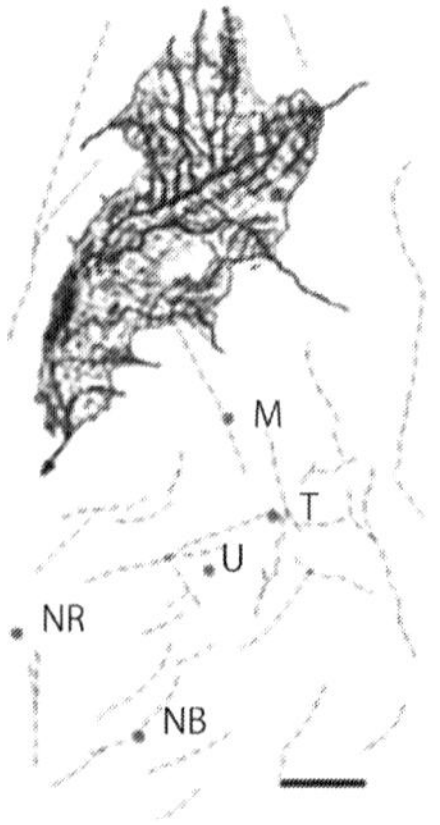

図52　古琵琶湖層群堅田層の堆積範囲
図中の濃い部分はかなり長期間の帯水域、その他は河川成堆積物、破線は断層、矢印は流出口を示す。H:彦根、M:水口、NB:名張、NR:奈良、O:大津、T:柘植、U:上野の位置を示す。(川辺、1994を改変)

いのは付着性種で、ステファノディスカスやアウラコセイラといった浮遊性珪藻はほとんど見つからない。このような珪藻群集から想像される環境は、河川、低湿地、沼沢もしくは数m程度の浅い湖沼である。緑藻類のビワコクンショウモや、原生動物のトラケロモナス *Trachelomonas* が見つかることからシルト層が堆積するところは湖沼であったことには間違いないが、けっして深い湖や開けた沖合いをもった湖ではなかったと考えられる。

堅田湖の時代の前半と後半では、貝類群集が違っている。前半では、絶滅種を多く含むナガタニシ群集が見られ、後半ではほとんどが現生種からなる三つの貝類群集が見られる。また、これらの三つの群集を構成する各種の個体数は、時代が進むにつれて増加する傾向が認められる。このことは、堅田湖が次第に安定した湖になりつつあったことを示している。コイ科魚類の化石は、古琵琶湖層群の中で、大山田湖の堆積物(上野層)に次いで多くの化石が見つかる。この中には、現在の琵琶湖の固有種もしくはその祖先種と思われるものが、堅田湖の最後の時期から現れる。

このような群集から考えられる堅田湖は、はじめは沼沢地的な浅い湖で、土砂に埋積されることがあっても、時代が進むにつれて安定した湖の環境になっていったものと思われる。堅田湖に堆積した堅田層は湖西に分布しており、琵琶湖域の堅田層は河川域の堆積物で、琵琶湖域は陸地であった。

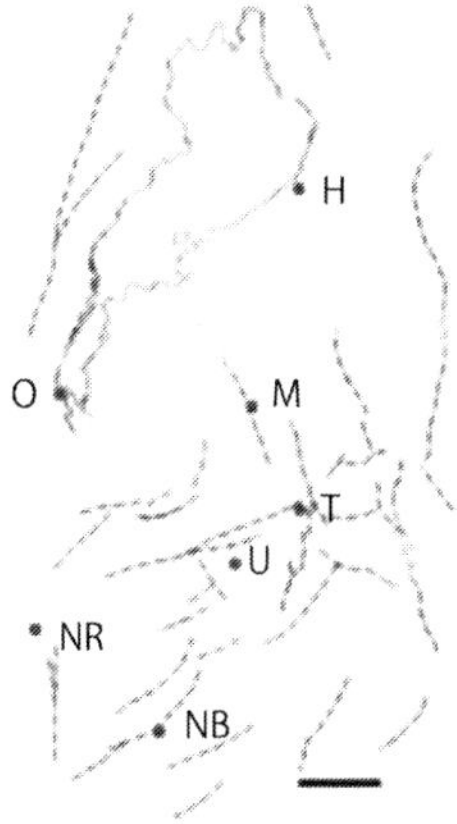

図53　琵琶湖層　琵琶湖の湖底に堆積している図中の濃い部分はかなり長期間の帯水域、その他は河川成堆積物、破線は断層、矢印は流出口を示す。H:彦根、M:水口、NB:名張、NR:奈良、O:大津、T:柘植、U:上野の位置を示す。(川辺、1994を改変)

琵琶湖の時代（40万年前〜現在）

琵琶湖の時代の堆積物は琵琶湖底に堆積しているために、堅田湖までの古琵琶湖の時代と違い、露頭で化石を探すことができない。ボーリングによって得られるコアサンプルの中に求めなければならない。

琵琶湖で掘られたいくつかのボーリングの中で、1400mボーリングでは、40〜50万年前あたりの層準から粘土・シルト層が卓越し、湖の堆積物を示すようになる。200mボーリングは粘土・シルト層からなるが、コアの中部から突然アウラコセイラ・ソリダが優占する珪藻フローラとなり、湖が深くなった、あるいは気候が寒冷化したことを示している。堅田層の上位にある伊香立層に見られる発達した砂礫層は、それらの礫を供給する比良・比叡の山並みが上昇したことを表している。おそらく、40万年前を境に堅田地域から現在の湖盆域に沈降の中心が移り、琵琶湖は深くなり、比良・比叡が激しく隆起していった。それとともに、堅田湖のあった地域も隆起し丘陵になっていった。

表５　古琵琶湖から琵琶湖への８つのフェーズ

大山田湖の時代　400～320万年前、古琵琶湖層群上野層	
	浅く、現在の琵琶湖南湖程度の小さい湖　亜熱帯的で生産量の多い水環境、豊かな生物相
	コイ科魚類相は、コイ亜科、クセノキプリス亜科、クルター亜科、カマツカ亜科、タナゴ亜科、レンギョ亜科、ウグイ亜科からなる。コイ属が優占し、コイ属は複数の種が生息していた。2mになる大きなコイがいた。
伊賀の河川の時代　320～300万年前、古琵琶湖層群伊賀層	
	大量の砕屑物で湖がなくなる。砂層のため化石があまりみつからない。
	フナ属の化石のみみつかる。
阿山湖の時代　300～270万年前　古琵琶湖層群阿山層	
	大山田地域から北に広がる。浅く広い湖。
	コイ科魚類相は。コイ亜科、クセノキプリス亜科だけからなる。フナ属が優占する。
甲賀湖の時代　270～250万年前　古琵琶湖層群甲賀層	
	湖盆はさらに北へ、深い湖となる。広く深い湖。
	コイ科魚類相は、コイ亜科、クセノキプリス亜科だけからなる。フナ属が優占する。化石動物相は貧弱になる。ある程度の水深が必要な浮遊性珪藻が優占。
蒲生沼沢地群の時代　250～180万年前　古琵琶湖層群蒲生層	
	安定した湖がなくなる。地質時代の中で陸と湖がくりかえされる。
	コイ科魚類相は、コイ亜科、タナゴ亜科、クセノキプリス亜科からなる。次第に水生動物の化石が少なくなる。
草津の河川の時代　180～140万年前、古琵琶湖層群草津層	
	鈴鹿山地や伊吹山地からの砕屑物などからなる河川成の堆積物。
	化石は見つからない。
堅田湖の時代　140～40万年前　古琵琶湖層群堅田層	
	現在の琵琶湖の地域は陸地、堅田地域に小さな湖、しだいに湖が発達していく。
	コイ科魚類相は、コイ亜科、クセノキプリス亜科、クルター亜科、ウグイ亜科、カマツカ亜科からなる。大山田湖に次いで豊かな魚類相
琵琶湖の時代　40万年前～現在　琵琶湖層	
	深くて広い湖になる。甲賀湖に似る。
	堆積物が現湖底にあるため、化石は見つからない。

咽頭歯化石の広がり

　古琵琶湖層群の化石の研究や、琵琶湖の魚を使って研究していたおかげで、歯科大学から琵琶湖博物館準備室に移ることになった。博物館開設準備のかたわら、化石の研究を続けていたわけだが、それが次第に趣味の研究から職業の研究に変わりつつあった。そのころの咽頭歯化石が発見される地域は、私が歩いた地域とほぼ一致していた。つまり古琵琶湖層群や奄芸《あげ》層群、鈴鹿層群のある三重県や滋賀県、可児層群や瑞浪層群のある岐阜県からだけであった。

　咽頭歯化石は１㎜以下の小さなものから１㎝程度の大きさで、フィールドでの調査では、その気になって探さないと咽頭歯化石は見過ごされてしまう。大きなものは別であるが、貝や植物の化石のついでに、見つかるものではない。

松岡敬二さんの友人で、大分県の中学校の先生をしていた北林栄一さんに、咽頭歯化石のことを紹介したことがある。それから何年かして、彼からたくさんの咽頭歯化石が私のもとに送られてきた。大分県の玖珠《くす》層群、津房川《つぶさがわ》層、小五馬《こいつま》層、耶馬渓《やばけい》層、熊本県の人吉層と九州各地の鮮新・更新統からの咽頭歯化石が次から次へと私のもとに送られてきたのである。古琵琶湖と九州という離れた地域で咽頭歯化石相の比較ができるようになった。

化石の採集日を見ると、12月31日、1月1日というものも含まれていた。文献で淡水成の地層を探しては化石の出そうなところへでかけ、休みという休みを化石採集に費やしていたのではないだろうかと思えた。そんな彼が、長崎のフィールドで出会った当時九州大学の大学院生だった倉敷産業芸術大学の加藤敬史さんを紹介してくれた。加藤さんは、哺乳類化石の研究をしていたが、彼の目は、哺乳類の歯に焦点をあてていたので、咽頭歯化石を見つけることができたのである。彼は、日本海地域の地層とは異なる佐世保層群や野島層群をフィールドとしていた。これらの地層は九州北部の炭田地帯の淡水成堆積物であった。

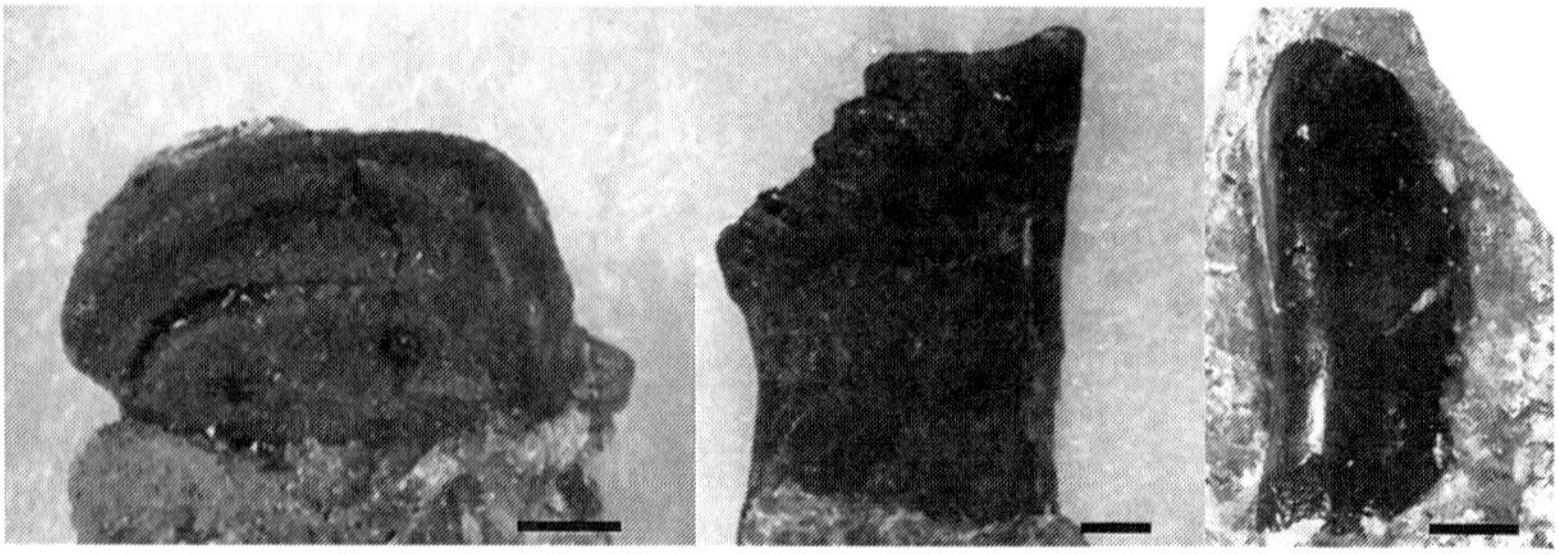

図54　北九州の佐世保層群と野島層群から出土したコイ属、ソウギョ属、レンギョ属の咽頭歯化石

佐世保層群と野島層群

北林栄一さんや加藤敬史さんと、佐世保層群や野島層群の化石発掘をし、あらためてたくさんの咽頭歯化石を集めたのである。佐世保層群は古第三紀の漸新世から前期中新世にかけての、野島層群は前期中新世の地層である。日本海地域の地層よりやや古いがほぼ同じ時代の地層である。しかし、ここから出る化石が、日本海側のグリーンタフ地域のものと違うのである。佐世保層群と野島層群では種類構成が少し違うが、最も多い化石がレンギョ亜科で、コイ亜科がその次に多い。それにソウギョ属の咽頭歯が含まれている。これらはもちろん絶滅種で現生種とは違っている。さらに、日本海地域で優占するクセノキプリス亜科、さらにクルター亜科の化石が含まれていない。なぜ、ほぼ時代が同じなのに、日本海地域と九州北部の化石魚類相が違うのであろうか。日本海地域や瀬戸内区の淡水系と野島・佐世保層群の淡水系と交流がなかったと考えることができる。

日本海地域の水系と東シナ海域の淡水系に前期中新世に交流がなかったとすると、前期中新世にクルター亜科やクセノキプリス亜科が日本海地域で誕生しても大陸の内部に分布を拡大していくのは、それよりあとの時代になる。

中国でクセノキプリス亜科の化石が見つかるのが後期中新世であり、クルター亜科の化石が見つかるのが鮮新世とかなり後の時代あることは納得できる。

ところで渤海湾で行われたボーリング・コアのサンプルの中にはレンギョ亜科やソウギョ属の化石が漸新世の層準から見つかっている。東シナ海や渤海湾がいつどのようにできてきたのかはよくわかっていないが、古第三紀には淡水系がこの地域にあったのだろう。

東アジア的魚類相

本章第一節でコイ科の亜科を紹介し、そのおおまかな分布域を示した。この分布の仕方をみると、ヒマラヤを中心とするユーラシア大陸を東西に延びる高地が、コイ科魚類の分布を南北に隔てているようにみえる。ベトナム南部からカンボジア、インド、イラン南部、アフリカ大陸までを「南」、ベトナム北部、中国からシベリア、中央アジア、ヨーロッパ、さらに北米大陸を含めて「北」と呼ぶことにする。「南」に分布する魚は、ダニオ亜科、バルブス亜科、ラベオ亜科の三つの亜科である。さらに、シゾトラックス亜科がヒマラヤ周辺域に分布している。その他には、アブラミス亜科と呼ばれたりダニオ亜科に含められたりするクルター亜科に似た体型のものが東南アジアから南アジアに生息している。これらの魚たちの分類の議論はここでは避け、この四つの亜科を「南の魚」と呼ぶことにする。この四つの亜科以外のコイ科を、「北の魚」と呼ぶことにする。

ユーラシア大陸の地図を広げて、その東の端に注目していただきたい。北から千島列島とオホーツク海、日本列島と日本海、琉球列島と東シナ海というように弓状の列島とそれに縁取られた縁海が並んでいる。日本列島と日本海がいつどのようにできあがったかは、かなりはっきりとわかっている。他の弧状列島と縁海の成立についてはまだよくわかっていない。前期中新世に起こった日本列島の大陸からの開裂にさきだつ大規模なリフトバレーと、そこにできた淡水湖沼群が、新第三紀型のコイ科であるクルター亜科やクセノキプリス亜科誕生の舞台であるという話を「ワタカのふるさとは日本海」でお話しした。

ユーラシア大陸の東に連なる弧状列島と縁海の成立、それに先立つリフトバレーと古代湖の形成という見方で見てみると、そこは東アジアを特徴づける淡水魚の誕生の地に思える。古第三紀から前期中新世にかけて、ウグイ亜科やカマツカ亜科、コイ亜科、タナゴ亜科さらにレンギョ亜科やソウギョ、最後に、前期中新世になって、クセノキプリス亜科やクルター亜科といった東アジアを特徴づける魚が、次々に誕生したのではないだろうか。この時代は、すでにヒマラヤやチベット高原の隆起がはじまっており、これらの魚たちは、その壁を越えられずにいると考えることができる。ただし、ヒマラヤの隆起開始以後、中国のチベットや雲南の水系の変遷が、「北の魚」と「南の魚」の分布を複雑にさせている。たとえば、長江はかつてトンキン湾に注いでいたと言われる。また、中国南部の横断山脈の谷筋には、大渡江、雅礱《がろう》江《こう》、金沙江《きんさこう》といった長江の源流、メコンの源流である瀾滄江《らんそうこう》、ミャンマーを流れアンダマン海に注ぐサルウィン川の源流である怒江が、四水六崗《しすいろっこう》の景観をつくっており、東アジアから東南アジアの大河川の源流がチベット高原から流れ出している。ヒマラヤ、チベット高原の上昇とこれらの水系の関係やそこにすむコイ科魚類の分布を複雑にしているように思える。

咽頭歯と化石の研究の接点

化石の情報が集まることによって、咽頭歯の発生プロセスの分岐の意味が見えてきた。ここで、第三章第二節の図31に示した発達過程分岐図をもう一度みていただきたい。ラベオ亜科は、発達段階のやや上位で分岐しているが、「南の魚」は下位で分岐していることがわかる。「北の魚」は、どちらかというと上位で分岐している。この発達分岐図は「北の魚」であるニゴロブナの歯を基準にしている。もし、「南の魚」を基準にとれば、それぞれのグループで咽頭歯の形は特殊化しているので、ダニオ亜科と「北の魚」が下位で分岐し、「南の魚」が上位で分岐することになる。基準にどの魚をとるかで、見方がかわってしまう。しかし、咽頭歯の形態形成のしかたからみて、ダニオ亜科の第二類の咽頭歯が最も原始的なものだということは確かなようだ。

ところで、各グループの分布を「北」と「南」と単純に分けるのではなく、もう少し詳しくそれぞれのグループの分布の仕方をみてみる。「南の魚」は「北」にも分布しているが、「北の魚」はけっして「南」に分布していないのである。たとえば、ダニオ亜科のオイカワ、カワムツなどは「北」の日本や中国にも分布している。バルブス亜科はヨーロッパや中国南部に、ラベオ亜科も中国南部に分布している。このような分布の仕方がコイ科魚類の進化を解き明かす鍵になっている。

第二類のまま特殊化していったものは、インドがユーラシアに衝突する以前、すなわち、ヒマラヤやチベットの隆起以前に分化した。したがって、「南の魚」は、「北」にも分布している。第三類から分岐し特殊化していったものの多くは、ヒマラヤやチベットの高地が隆起したあとに誕生した。そして、それらが誕生したと推測される場所は、ユーラシア大陸の東の端であった。そのことが、コイ科魚類の「北」での分布が、東（東アジア）に密で、西（ヨーロッパ・中央アジア）に疎であることと関係している。また、「北」にも「南」にも分布していたバルブス亜科の中から、ヒマラヤの隆起にともなって、シゾトラックス亜科が、その周辺域で進化したと考えてはどうだろうか。

第四章　湖と人間のかかわり

第一節　琵琶湖博物館での活動

歯科大学から博物館へ

学生時代に咽頭歯というコイの歯をテーマに研究していたことから、歯科大学に就職できた。歯の研究であれば、コイの咽頭歯であろうが、化石であろうがかまわないという天国のような10年間を過ごしてきたが、研究室の雰囲気がかわり、咽頭歯の研究がしにくくなってきた。そのころ、滋賀県では県立博物館構想がもちあがり、その準備室ができ、スタッフを募集していた。咽頭歯の研究を続けるために、歯科大学から博物館に移ろうと思った。

県立博物館の職員は公務員なので公務員試験を受けなければならない。大津の滋賀県庁で採用試験を受けることになった。公務員試験を終え、面接となった。試験官から「これまでの研究で一番おもしろかったことは何か」と、尋ねられ、「古琵琶湖から咽頭歯化石をはじめて見つけたことです」と答えた。これで何とか採用されるだろうと確信し、大津から岐阜に戻った。

採用決定の連絡を受け、歯科大に退職届けを出し、平成3年（1991）の4月から滋賀県教育委員会事務局の文化施設開設準備室に勤務することになった。準備室時代での私の5年間はあっという間に過ぎ、琵琶湖博物館は平成8年（1996）にオープンした。

博物館の活動

ＩＣＯＭ（国際博物館会議）日本委員会による博物館の定義は、少し難しいが、「博物館は、有形及び無形の遺産を研究、収集、保存、解釈、展示する、社会のための非営利の常設機関である。博物館は一般に公開され、誰もが利用でき、包摂的であって、多様性と持続可能性を育む。倫理的かつ専門性をもってコミュニケーションを図り、コミュニティの参加とともに博物館は活動し、教育、愉しみ、省察と知識共有のための様々な経験を提供する」とうたわれている。つまり、博物館の活動は、資料の収集と保存、研究、普

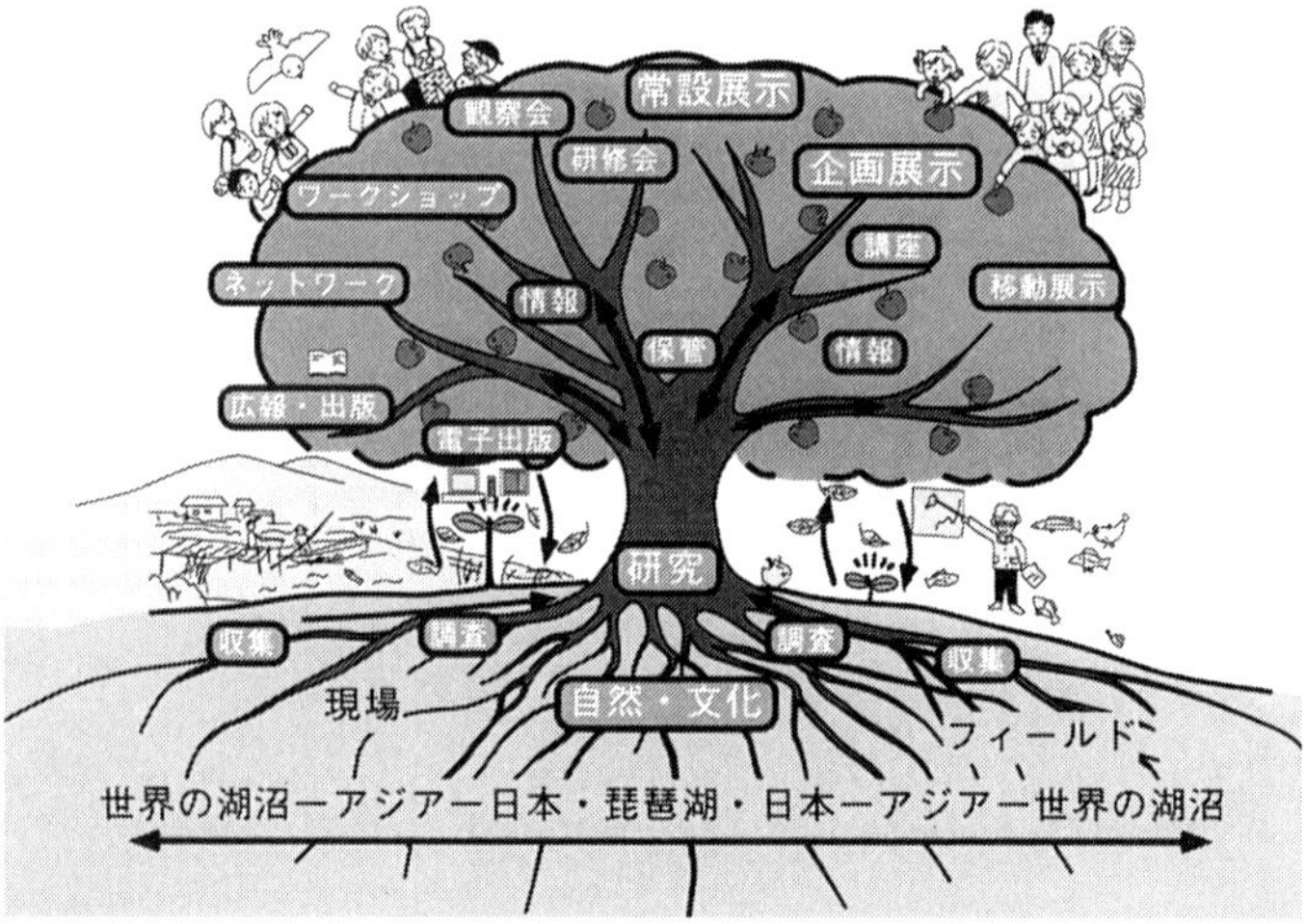

図55　博物館の活動をイメージした樹木図（滋賀県立琵琶湖博物館, 1998）

及、展示という活動をすることになっている。琵琶湖博物館では、それを調査研究活動、資料整備活動、情報活動、展示活動、交流・サービス活動とした。一般的に言われている活動に情報活動を加え、普及と言っている活動を交流・サービス活動と言い換えた。というのは、利用者に一方的に知識を「教える」のではなく、利用者から知識を得ながらともに成長することを大切にしたいと考えたからである。

博物館ではこの五つの活動をまんべんなく行うことが必要であるが、基本の活動が調査研究活動である。したがって、学芸員はまず研究者でなければならない。その上にたってさまざまな博物館活動を行うことになる。さらに、博物館ではさまざまな形で利用者とともに調査研究することが大事である。そのような博物館の研究活動が博物館の支えとなる。

準備室時代の合い言葉は、「準備室なれど、博物館」であった。博物館建設の準備作業を行いながら、博物館活動を行ってきた。研究の基礎の上に展示を作らなければならない。展示のための資料を収集し整理しなければならない。博物館になってもそのまま使える情報システムを準備室時代から運用し、情報の発信をしてきた。観察会を行い、目玉の展示物ができたときには展示会も行い、新しい博物館が平成8年に開館するぞという雰囲気を作っていった。その結果からかもしれないが、開館当時は、展示物を見るのではなく展示物や人混みのなかを歩くという状況が続いた。開館フィーバーの混乱もおさまり、博物館のさまざまな活動が平常に戻りつつあった。

そのころ、まずやらなければならないと考えたのが、魚類標本などが収蔵される液浸収蔵庫を、標本庫として機能させることであった。開館当時、液浸収蔵庫は準備室から運ばれた雑多な荷物の倉庫であった。標本はどこに何があるのか見当もつかない状態であった。ここにある標本を利用できるようにしようとまず考えた。

液浸収蔵庫

引越しのさまざま荷物で「倉庫」と化していた液浸収蔵庫を本来の姿に変えるべく、荷物の整理をし、どのようなシステムで標本を整理するのかを考えながら夢を描いた。琵琶湖博物館としての特色あるコレクションにしなければならない。まずは淡水魚のコレクションを作ることにはしたが、魚類標本をただ集めても、価値のある収蔵品にはならない。

化石や遺跡の遺物に残る咽頭歯とすぐに比較できるようにしたい。まず、私にとって役に立つコレクションにすることが、利用者にも役に立つことだと考えた。少なくとも日本のコイ科魚類の咽頭歯を全てそろえ、さらに外国の標本も集めようと考えた。これなら、琵琶湖博物館の魚類標本としての特色があり、役に立つコレクションとなる。

図56　琵琶湖博物館の液浸収蔵庫

図57　琵琶湖博物館の咽頭歯標本保管庫

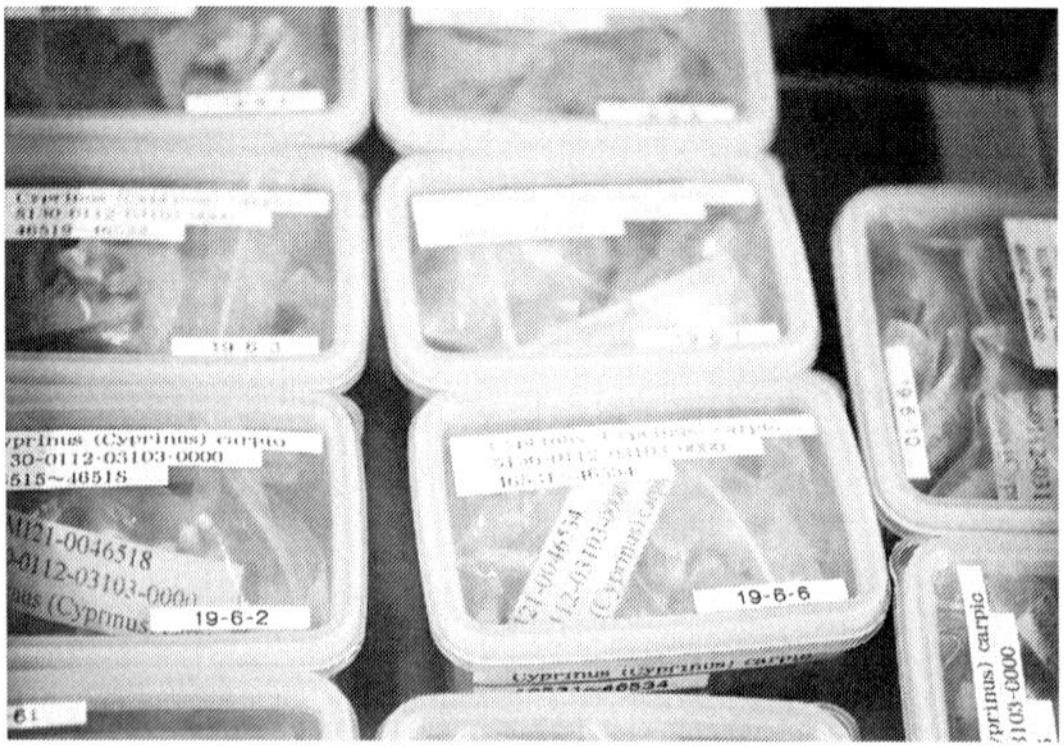

図58　琵琶湖博物館に登録された咽頭歯標本

具体的な作業をしながら、「琵琶湖博物館魚類標本登録・管理マニュアル」を作り、標本の整理をしていった。その結果、退職するまでの13年間で、およそ2500点の咽頭歯コレクションをふくむ5万3000点の淡水魚標本が登録された。登録された標本はすぐにも利用が可能である。琵琶湖博物館のコレクションがどのようにできあがっていったかを紹介しておく。

中国科学院水生生物研究所

日本のコイ科魚類の系統や分類、化石の研究を進めるためには、どうしても中国のコイ科魚類と比較しなければならない。学生時代に必要に迫られて、中国科学院水生生物研究所の伍献文先生の『中国鯉科魚類志』を翻訳した。それがきっかけとなって、水生生物研究所とのおつきあいが始まった。

同研究所には、中国革命以前からの魚類標本が保存されている。さらに『中国鯉科魚類志』を著すときに収集された標本が残されている。この中には模式標本も多数含まれていた。中国全土から集められた標本はコイ科魚類のコレクションとしては世界一の価値をもっている。私は何回も同研究所を訪れ、この博物館にあるコイ科魚類の標本を次から次に解剖して、咽頭歯を取り出して観察してきた。そのおかげで、第二章で説明した咽頭歯の

図59　湖北省武漢にある中国科学院水生生物研究所付属博物館と館内の標本収蔵庫（1990年代に撮影）

形を類型化することができ、咽頭歯のモノグラフ「*Comparative Studies of Pharyngeal Teeth in Cyprinids*：コイ科魚類の咽頭歯についての比較研究」を著すことができた。また、アオウオ、レンギョ亜科のコクレン、ラベオ亜科のキリヌス *Cirinus*、などの咽頭歯系の発生についての研究も、同研究所のルー・ペイチー（楽佩琦）さんとの共同研究で行ったものである。

琵琶湖博物館が開館してからは、私個人とのおつきあいではなく、研究交流に関する同意書にもとづく琵琶湖博物館と水生生物研究所とのおつきあいになった。私の他にも学芸員が、共同研究や資料収集のため同研究所を訪れている。開館当時にあった洞庭湖の水槽に泳いでいた魚たちの多くは、同研究所に収集していただいたものである。同研究所との交流のおかげで、琵琶湖博物館のコレクションの中に中国のコイ科魚類の標本やその咽頭歯の標本が加わることになった。

うおの会

博物館にはさまざまな形でかかわるファンのような方々がいる。私がいた分類研究室には、家業をほったらかしにして、毎日のように博物館に出入りする藤本勝行さんもその中の一人であった。彼は「滋賀虫の会」の会員で、昆虫を採集してきては博物館にもってきていた。その彼が魚類標本を集めると、言い出したのである。滋賀県中の標本を集めるから、それをまとめろというのが、彼の要求であった。標本が集まるのはうれしかったが、まとめろといわれても困った。何をまとめるのか、興味があまりわかなかった。しかし、彼は、博物館の水族飼育を担当していた魚好きの長田智生さん、佐藤智之さん、山田康幸さんらをくどき、あっというまに滋賀県中のほぼ全ての市町村の大字毎の標本を集め尽くしてしまった。

藤本勝行さんは、「お前は博物館の活動で、交流活動をやっとらんじゃないか。良いアイデアを教えてやる。おれはボランティアで魚採りをしている。おれと同じように魚採りが好きなやつはいっぱいいる。博物館のボランティア活動として魚採りをしたがっているやつらを集めてやる」と言って、いろいろな人に話を持ちかけ始めたのである。

博物館の調査・研究は研究者だけが行うのではない。一般市民でなければできないような調査研究活動がある。それを吸収して成長する博物館にならなければならない。琵琶湖博物館では、「はしかけ」制度をたちあげたところであった。「はしかけ」とは、湖北地方の方言で、仲人さんの前段階の役割をする人を指す。琵琶湖博物館では、ボランティアという言葉をあえて使わず、博物館を利用して自主的な活動をしていただく制度として、この言葉

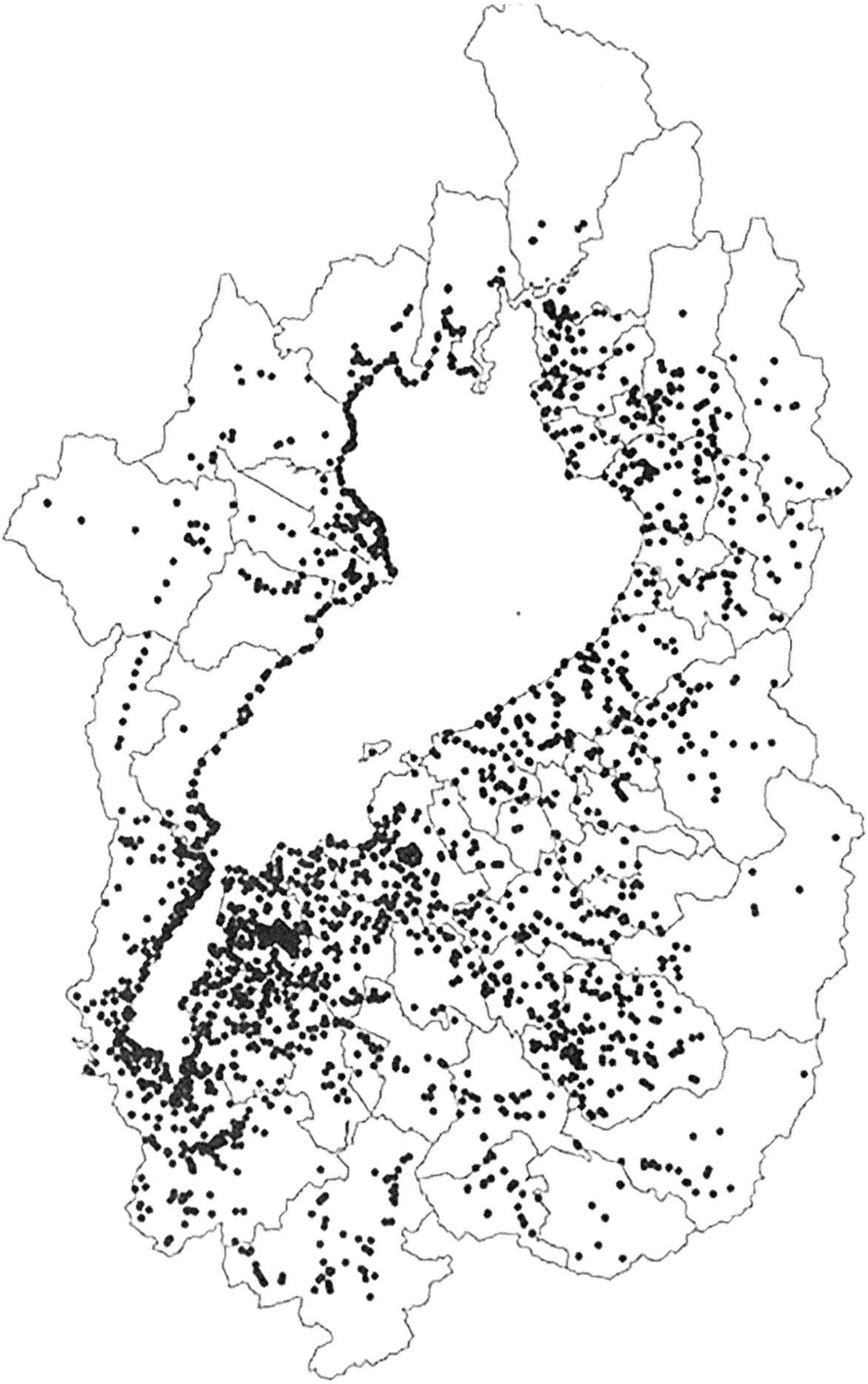

図60　うおの会の調査地点
1997年から2002の3年間での2,703調査地点、参加者は151名、採集魚種は20科49属72種にのぼった。調査地点が白く抜けているのは琵琶湖と山地である。
（琵琶湖博物館うおの会, 2005）

を借用した「はしかけ」制度を立ち上げたところであった。その一環として「うおの会」を発足させることになった。

「うおの会」では、「魚を愛し、魚採りを楽しもう。魚とその棲息環境を将来にのこそう。魚とその棲息環境の現状を調査し、その姿を証拠として記録しておこう」というスローガンを掲げて活動を開始した。まず滋賀県中くまなく、魚がどのような分布をしているのかを調べることになった。採集の方法を規格化するために採集マニュアルを作り、それにしたがって、魚採りをすることになった。

採集した魚の標本、住宅地図に記された採集地点、その環境データをセットにして博物館に持ってきてもらう。それを、博物館で次々に登録するという流れ作業ができあがった。採集地点が少ない地域を定例調査と称して、人海戦術で調査する。あっというまに滋賀県内の小字毎にどんな魚がどこにいるかが明らかになってしまった。これだけの標本とデータが集まると、見えないものも見えてくるのである。研究者だけではとても行えない調査であった。

琵琶湖周辺域の魚の分布

「うおの会」や藤本勝行さんたちが明らかにしたことには、面白い事実がたくさん含まれていた。琵琶湖の周辺の水路で採れる魚は、多い順にヨシノボリ、カワムツ・ヌマムツ、タモロコ、ドンコ、ドジョウ、メダカ、ギンブナ、オイカワである。ブルーギルやオオクチバスはここまでの順位に入ってこない。多くの地点で採れる魚の上位は在来種である。琵琶湖の沿岸帯はブルーギル、オオクチバスに席捲され外来種問題が生じている。流れのないデルタ域の水路や河川、内湖といった環境も、同様にブルーギルやオオクチバスに占拠されている実態が明らかになった。それと同時に、それより内陸の扇状地帯の平野部(扇状地性低地)の水路には、タモロコやヌマムツ、タナゴ類に代表されるような在来種がまだ広く分布していることが明らかになった。市街地や市街化が進みつつある地域に流れるコンクリート張りの水路や田んぼの用排水路に、これらの魚たちは分布しているのである。

その理由を説明するために、「うおの会」が明らかにした「JR琵琶湖線と魚の分布との関係」から説明するとわかりやすい。在来種でよく採れるヌマムツとタモロコの分布が湖南地域ではJR琵琶湖線を境に、琵琶湖側に多く分布している。琵琶湖線の高架下を流れる水路で、魚採りをすると、たくさんの魚が採れる。そこから流れ出す水路も同様である。鉄道が魚の分布を境しているのではないかと思えた。

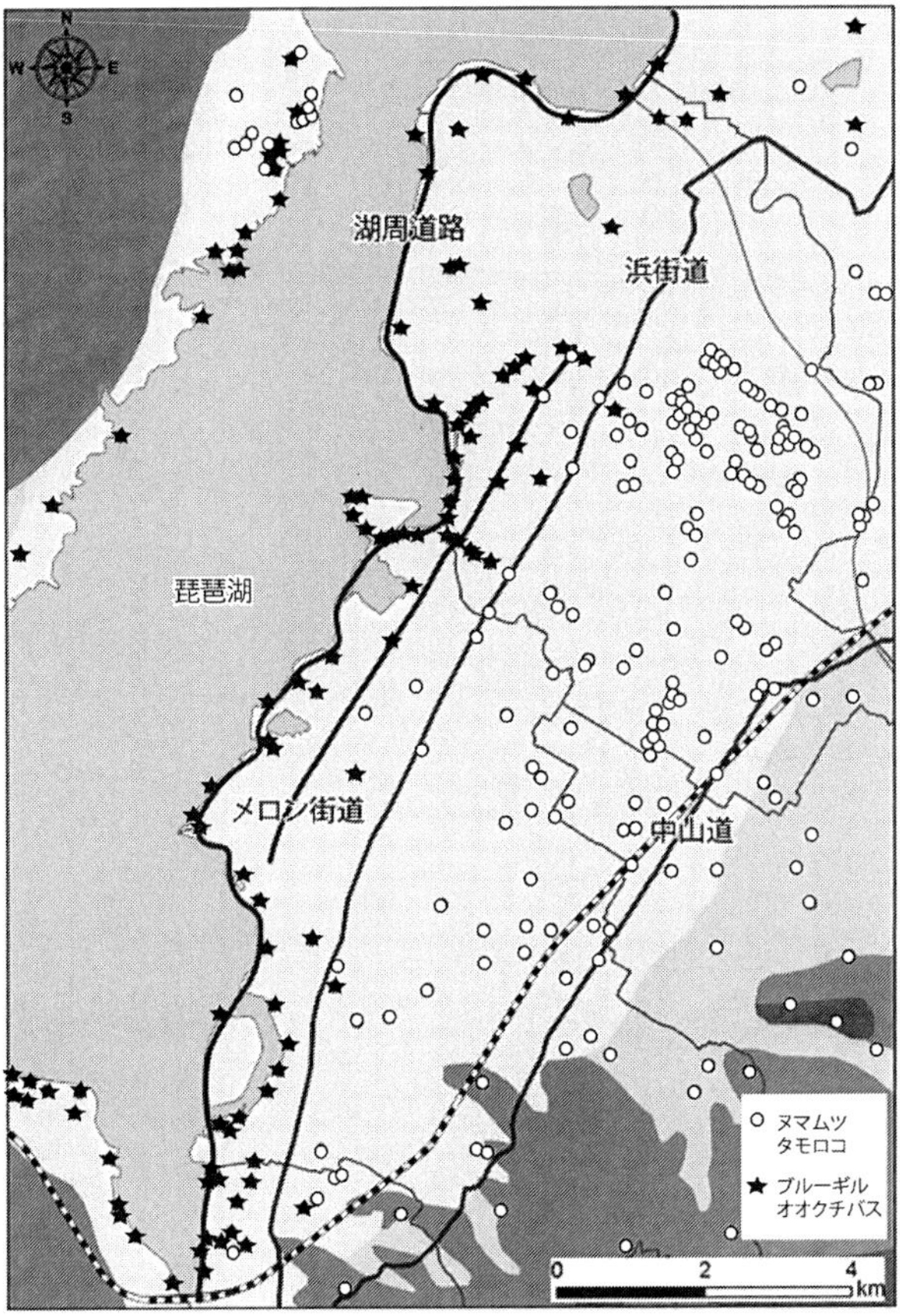

図61　湖南地域の湖東平野における外来種と在来種の分布と南北にはしる道とJR 東海道線
○がタモロコとヌマムツ。★がブルーギルとオオクチバス。陸域の濃い影は山地と丘陵、次に濃い影は扇状地、扇状地から浜街道までが扇状性低地で、それより湖側がデルタである。（中島，2011）

湖南地域の草津、守山、栗東、野洲あたりの湖東平野には南北に走るいく筋かの道がある。山側から琵琶湖にむかって順に中山道、浜街道、メロン街道、湖周道路である。これらの道は敷かれた時代順にならんでいる。JR琵琶湖線（東海道線）と中山道はほぼ同じ位置に敷かれている。この位置は野洲川扇状地や草津川扇状地の末端に位置していて、起伏が少なく、

図62　JR付近の湧水の水路(新村安雄氏撮影)
地上の風景と水中の様子

水に浸かることもないので、道路や道を敷きやすいところだったと思われる。扇状地の末端ということは、湧水が多いところでもある。扇状地は水がとぼしいが、中山道やＪＲから琵琶湖側の水路や小川では、一年中、枯れることなく水が流れている。そのことが魚の分布と関係していたのである。

ところで、浜街道も魚の分布を境している。浜街道から琵琶湖側にはタモロコやヌマムツはほとんど採れない。私の学生時代、草津の下物に調査にでかけていたころ、浜街道が最も琵琶湖よりの道であった。湖岸の隣りの集落に移動するときは、今では湖周道路やメロン街道を使って車で簡単に移動できるが、当時は浜街道まで戻らなければ移動ができなかった。なぜ浜街道が湖岸から２～４㎞ほど内陸にあったのだろうか。その理由は、浜街道より湖側はデルタで、水路や内湖などがあり、道を南北に敷くより、舟で移動したほうが速かったのである。

浜街道が敷かれている位置は、湖側がデルタ、山側が扇状地性低地で、地形の傾斜変換点にあたる。標高が86・５ｍ付近である。琵琶湖に流れ込む水路や川は２ｍほど浚渫されるので、川底は琵琶湖の平均水面標高85・６ｍより低いところが多い。その結果、水の流れがほとんどなく、琵琶湖の沿岸域を席捲していた止水を好むブルーギルやオオクチバスが侵入しやすかったのである。また、傾斜変換点付近の水路には、幸か不幸か堰が設けられている

図63　ヨシ原と旧市街地の水路
湖岸のヨシ原は、ホンモロコやフナ類の産卵場で、タモロコやヌマムツの本来の生息域、今では旧集落の中にめぐらされた水路などが在来種のすみかになっている

ことが多く、湖からの外来魚の侵入を妨げていた。さらに堰より上流の水路は流れがあり、ブルーギルやオオクチバスは、デルタ域より上流の水路には少なくなる。魚の分布と地形との関係を、「うおの会」の詳細な調査によって明らかにした。これがうおの会の最初の論文となり、藤本さんとの約束を果たすことができたのである。

外来魚の影響という見方でみると、ヌマムツやタモロコは本来のすみかである琵琶湖の沿岸帯やデルタ帯から、それより上流の扇状地帯のすみづらい水路に追いやられたかのように見えるが、それだけではないように思われる。この分布の様子には、魚たちの悲しい「したたかな生活の戦略」があったように思えてならないのである。このことは本章の第三節であらためて考えてみたい。

ところで、魚の分布が地形と関係しているのと同様、人間も地形とのかかわりのなかで道を作っている。道は、古代からの中山道（東山道）はもっとも山側にでき、しだいに琵琶湖へと近づいていったのである。昭和まで浜街道が最も湖よりの道で、平成になってメロン街道や湖周道路が敷かれた。この道の意味は次のようにも考えることができるのではないだろうか。メロン街道はデルタ域の圃場整備の完成を意味し、湖周道路は湖岸堤の完成である。このことについてエピローグでふたたび触れてみたいと思っている。

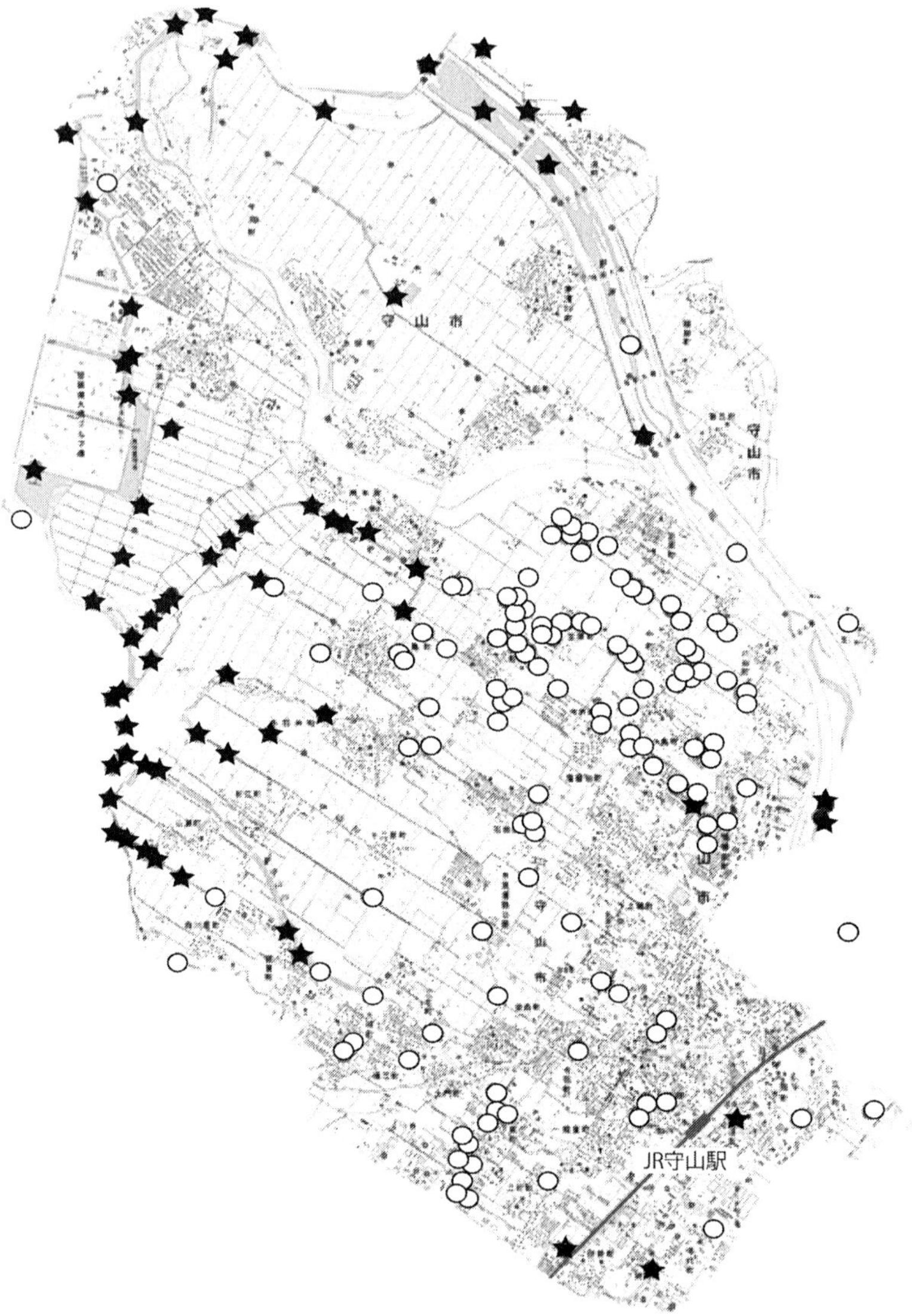

図64　守山市内の外来種(ブルーギルとオオクチバス)と
在来種(タモロコとヌマムツ)の分布
○がタモロコとヌマムツ。★がブルーギルとオオクチバス。

うおの会の活動の記録

うおの会は、平成10年（1998）に藤本さんを中心にした素人研究者の研究プロジェクトとして発足した。またその研究成果は平成13年（2001）に陸水学雑誌に「琵琶湖南地域における魚類の分布状況と地形との関係」という形で公表された。

平成12年（2000）には、はしかけ制度の1グループとして、初代会長の武田繁さんを中心に本格的な活動を開始した。翌年には、調査の規格をそろえるために「うおの会採集調査マニュアル」が作成され、一定の規格に沿った調査を実施した。このころまでに会員数は126名にのぼり、毎月の定例調査には、30名近くの会員が参加していた。当時の活動のようすは、琵琶湖博物館研究調査報告書23号「みんなで楽しんだうおの会―身近な環境の魚たち」にまとめられている。

アマチュアであった会員もいつしか調査のセミプロの調査員になってしまった。ちょうど平成17年（2005）に、「WWFブリヂストンびわ湖生命の水プロジェクト」や「文部科学省地域子供教室推進事業」からの委託を受け琵琶湖お魚ネットワークの活動を開始した。その活動の趣旨は、「琵琶湖流域に暮らす人々を中心に、企業、行政と協力しながら、琵琶湖流域の魚のモニタリングを主とした活動を行い、その結果を流域のまちづくりにいかそう。そうすることによって、琵琶湖の生態系のバランスをとりもどし、失われつつある自然と人との関係回復に貢献する」というものであった。

うおの会の会員はその活動の中心メンバーとなり、各

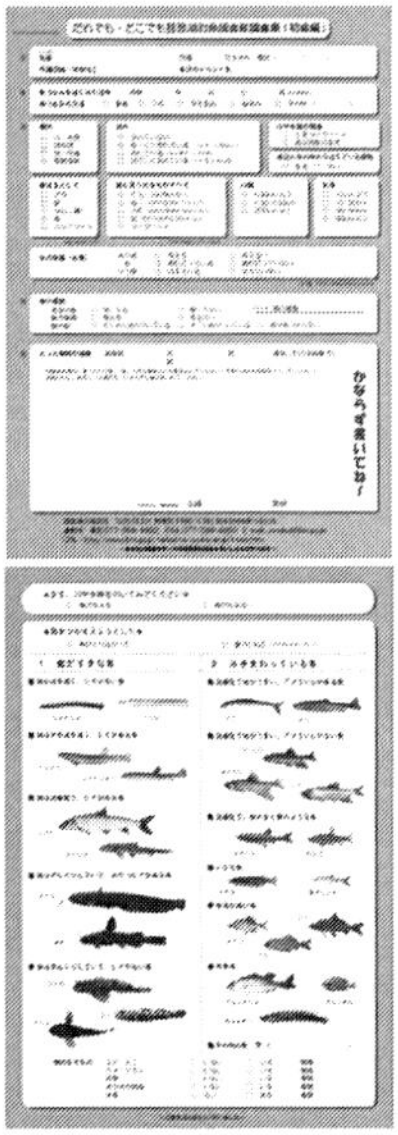

うおの会で作成したお魚ネットワーク用の調査マニュアルと調査票

地の観察会や調査活動に指導員として活躍した。平成16年（2004）8月から平成19年（2007）1月までに、150をこえるイベントや調査に参加した。この調査活動では認定を受けた調査員が調査する上級編と小学生から一般の方まで、誰でも調査に参加できる初級編にわけて調査活動を行った。上級編と初級編のそれぞれについての調査の仕方と魚の鑑別のためのパンフレットや調査票を作成した。それを各グループや個人に配布した。そして、調査票を回収して、その結果をうおの会で集約する作業を行った。期間中の調査件数は、上級編3469地点、初級編4680地点にのぼった。この調査活動で明らかになったことは、小学生などの素人の調査活動も、科学的なデータとしてきわめて有効であることがわかったことである。さらに、なによりも、さまざまな団体やグループとの交流が進み、多くの人々が自然を見つめたことが収穫であった。その内容についてはうおの会編の『琵琶湖お魚ネットワーク報告書』に詳しく書かれているのでここでは省略する。

2004年から3年間での調査地点
（琵琶湖博物館うおの会, 2007）

第二節　咽頭歯研究の展開

日本列島型淡水魚類相

日本列島や古琵琶湖には、今までたくさんの魚たちが絶滅したことは確かである。大規模な絶滅が起こったと考えられるのは、今のような琵琶湖ができはじめた頃である。琵琶湖ができはじめたのは約40万年前であるが、それより少し前あたりから、山地の上昇と盆地の沈降という大規模な地殻の変動が起こり、古琵琶湖を含む西日本の淡水環境は大きく変わった。

古琵琶湖の時代には中部山岳地帯を水源とし、東海湖盆、古琵琶湖盆、大阪堆積盆を通り、第二瀬戸内湖沼群をつなぎ、九州から西へと流れる古瀬戸内河湖水系という長大な淡水系があったと想像できる。この水系は中国の大河川ともつながっていたかもしれない。鈴鹿山脈が隆起し始めたのは約200万年前、このころから水源は伊吹山地や鈴鹿山地になる。40万年前の琵琶湖の時代になると、琵琶湖を除いて、第二瀬戸内湖沼群は、沈降や隆起

図65　近代になって琵琶湖で絶滅したニッポンバラタナゴ、アユモドキ
（写真提供：滋賀県立琵琶湖博物館）

によって、海や陸地に姿を変え消滅してしまう。東は伊勢湾や木曽三川が流れる濃尾平野、西は宇治川や淀川が流れる京都盆地や大阪平野、さらに大阪湾や瀬戸内海に注ぐ現在のような姿に変わる。河川は伊吹山地や鈴鹿山地を水源とし、大阪湾で海に注ぐ現在のような姿になってしまう。河川の景観は古琵琶湖の時代とは変わり、流程が短く高度差が増し急流になった。もはや長江のようにゆっくり流れる大河川や洞庭湖のような広くて浅い湖はなくなる。淡水環境が大きく変わる中で、琵琶湖の固有種が誕生する一方、大陸的環境に適応してきたクルター亜科やクセノキプリス亜科といった日本列島の誕生から古琵琶湖の時代まで、魚類相の主役であった魚たちの多くは絶滅していった。第三章第四節で、中国では、中新世と鮮新世の間に魚類相のギャップがあると言ったが、日本列島では、中期更新世と後期更新世との間に魚類相のギャップがある。その結果、大陸とは違う日本列島型の淡水魚類相が形成されたのである。

今からおよそ1万年前、氷河時代が終わり後氷期（現世）を迎え、気候は温暖になり、自然環境は穏やかになる。琵琶湖の魚たちの生息にかかわる大きな地殻の変動も起こっていない。現世における魚の絶滅は、近代以降の出来事で、琵琶湖では、ニッポンバラタナゴ、アユモドキの絶滅、外来種の移入によるワタカなど在来種が減少するなど、人間活動の急激な活発化の結果であると考えられていた。

考古学との出会い

私が、琵琶湖博物館の準備室に移った頃、琵琶湖の湖底にある粟津湖底遺跡第3貝塚の調査が終わり、資料の分析が行われていた。滋賀県埋蔵文化財センターの伊庭功さんから咽頭歯の分析を依頼されたのである。遺跡に残る咽頭歯遺存体は、人が関与したもので、自然科学の対象ではないと、あまり興味がなかった。

伊庭さんと安土駅で待ち合わせて、資料が保管されている安土城考古博物館に連れていってもらった。水洗選別されたたくさんの資料が山のように積まれていた。資料の砂の中から咽頭歯を探す作業を手伝ってくれたのが補助員の田中幸子さんである。次第に彼女の方が咽頭歯の検出がうまくなり、私は同定作業に専念することになった。次から次に、田中さんから咽頭歯が渡される。「フナ属右側A4歯、オイカワ属の左側中央歯」などと、顕微鏡を見ながら同定をしていく。だんだん飽きてきて、眠くなってきたころ、いっぺんに眠気が覚めるものが顕微鏡の視野に入ってきた。それはクセノキプリスの咽頭歯であった。これが私と考古学との出会いであった。

安土城考古博物館で、伊庭さんから紹介されたのが、当時京都大学大学院

図66　縄文時代の遺跡から見つかった絶滅種
左から鳥浜貝塚出土のクセノキプリス、粟津湖底遺跡から出土したクセノキプリスとディステーコドン、赤野井湾湖底遺跡から出土したジョウモンゴイ。スケールは1mm。
（中島他 , 2005；中島他 , 1996；Nakajima et al., 1998）

の院生であった内山純蔵さんである。考古学については全くの素人である私は、彼や伊庭さんから考古学のいろはを教えてもらうことになった。

粟津湖底遺跡第3貝塚からはクセノキプリス亜科のクセノキプリス *Xenocypris* やディステーコドン *Distoechodon*、さらにワタカとは異なるクルター亜科の咽頭歯が見つかっている。さらに、福井県の鳥浜貝塚からもクセノキプリスの咽頭歯が見つかった。また、赤野井湾湖底遺跡A調査区からは絶滅種のコイ属であるジョウモンゴイが発見された。クセノキプリスの仲間は、日本列島型魚類相が形成されるときに絶滅したと考えていた。それが、たかだか数1000年前の日本列島に生息していたのである。古琵琶湖の最後のフェーズである琵琶湖の時代を代表する魚類相は、外来種に席捲される前の魚類相でもなく、これらの絶滅種を含んだ魚類相なのではないかと考えた。

また、これらの魚たちは、自然環境が比較的安定している後氷期（しかも、縄文時代以降）に琵琶湖や日本列島から姿を消したわけであるから、人々の営みに絶滅の原因を求めるほかない。琵琶湖の魚類相がどのようにできあがったのかという自然科学の対

図67　粟津湖底遺跡第3貝塚の発掘調査風景
（写真提供：滋賀県教育委員会文化財保護課）

象として考えていた問題が、いつしか、人間活動とのかかわりという人文・社会科学の助けを借りないと解けなくなってしまった。

粟津貝塚の魚類遺存体

琵琶湖周辺には、大規模な貝塚を伴う縄文時代の遺跡がいくつかある。その代表の一つが大津市の粟津湖底遺跡第3貝塚である。この貝塚は縄文時代中期初頭（5000〜4500年前）のものである。この遺跡から取り上げられて保存されている貝層の1％を水洗選別して得られた咽頭歯遺存体は、およそ700点であった。それらを鑑別した結果を表6に示す。この表を見ながら粟津の縄文人はどのようにして魚を採っていたのだろうかと想像してみた。最も多いのがフナ属である。この中にはゲンゴロウブナがかなり含まれていることが咽頭歯のエナメロイド層の厚さからわかった。ゲンゴロウブナは、琵琶湖の豊富な植物プランクトンを餌に、沖合に生

表6　粟津湖底遺跡第3貝塚から見つかった
コイ科魚類咽頭歯遺存体（中島, 1997）

ダニオ亜科		
	Nipponocypris sp.　カワムツ属	4
	Zacco platypus　オイカワ	5
	Opsariichthys uncirostris　ハス	2
タナゴ亜科		
	Acheilognathus sp.　タナゴ属	1
ウグイ亜科		
	Tribolodon hakonensis　ウグイ	20
クルター亜科		
	Cultrinae, gen. et sp. indet.　属種不明	2
	Ischikauia steenackeri　ワタカ	87
クセノキプリス亜科		
	Distoechodon sp.	4
	Xenocypris sp.	1
カマツカ亜科		
	Hemibarbus barbus　ニゴイ	20
	Gnathopogon caerulescence　ホンモロコ	1
コイ亜科		
	Cyprinus carpio　コイ	91
	Carassius sp.　フナ属	431

息している。沖合のフナを獲ることは難しく、あえて沖合に魚獲りにいかなくても、雨季にはたくさんのフナが産卵のために接岸する。それを漁獲すれば、あまるほどのフナが獲れたはずである。その他の魚も同じように産卵のために岸辺近くにやってくる。人々は雨の多い産卵期（4〜6月）に琵琶湖の沖合からやってくる寄り魚を獲っていたと想像される。1年のサイクルの中で決まった時期に大量に魚が獲れることを縄文時代の人々は知っていたはずである。大量に漁獲された魚を加工処理することによって保存食にできれば、定住生活が可能である。

魚の保存加工

魚の保存処理についての証拠が、縄文時代早期末（7000〜6000年前）の赤野井湾湖底遺跡浚渫A調査区から見つかっている。この調査区からは、さまざまな動物遺存体が出土する集石炉と土坑の遺構が発掘された。集

図68　赤野井湾湖底遺跡の発掘調査風景
（写真提供：滋賀県教育委員会文化財保護課）

石炉からは、絶滅種のジョウモンゴイを含め、フナ類、コイ、ニゴイ類、ウグイ、ギギやスッポン、イノシシやシカなど多様な動物の多様な部位の遺存体が発見された。一方、土坑からはフナ類とコイばかり見つかり、出てくる部位も鰓蓋や咽頭歯という頭部の骨格ばかりでかたよりがある。これらの事実から、集石炉ではいろいろな動物を火にかけながら食べ、食べ残しをそこに捨てたのだろう。一方、土坑には、大量にとれたフナ類やコイから、食べるところが少ない頭部をはずして捨てたと思われる。

フナの保存加工についての証拠は鳥浜貝塚でも発見された。若狭民俗資料館に保存されていた6000年前から約500年間に堆積した38層からなる貝層を借用し水洗選別を行った。図69に示すように、16層より下位では多様なコイ科の咽頭歯が見つかり、15層より上位ではフナの咽頭歯ばかりになる。この変化は、コイ科魚類の利用の仕方が変化したと考えてよい。

春から初夏にかけてコイ科魚類の多くは産卵する。3月のウグイから8月のハス、ワタカまで、産卵の時期は、種類によって異なっている。はじめは、季節毎に多様な魚を獲っていたはずである。フナは産卵期に大量にとれるが、フナを獲りすぎても腐らせ

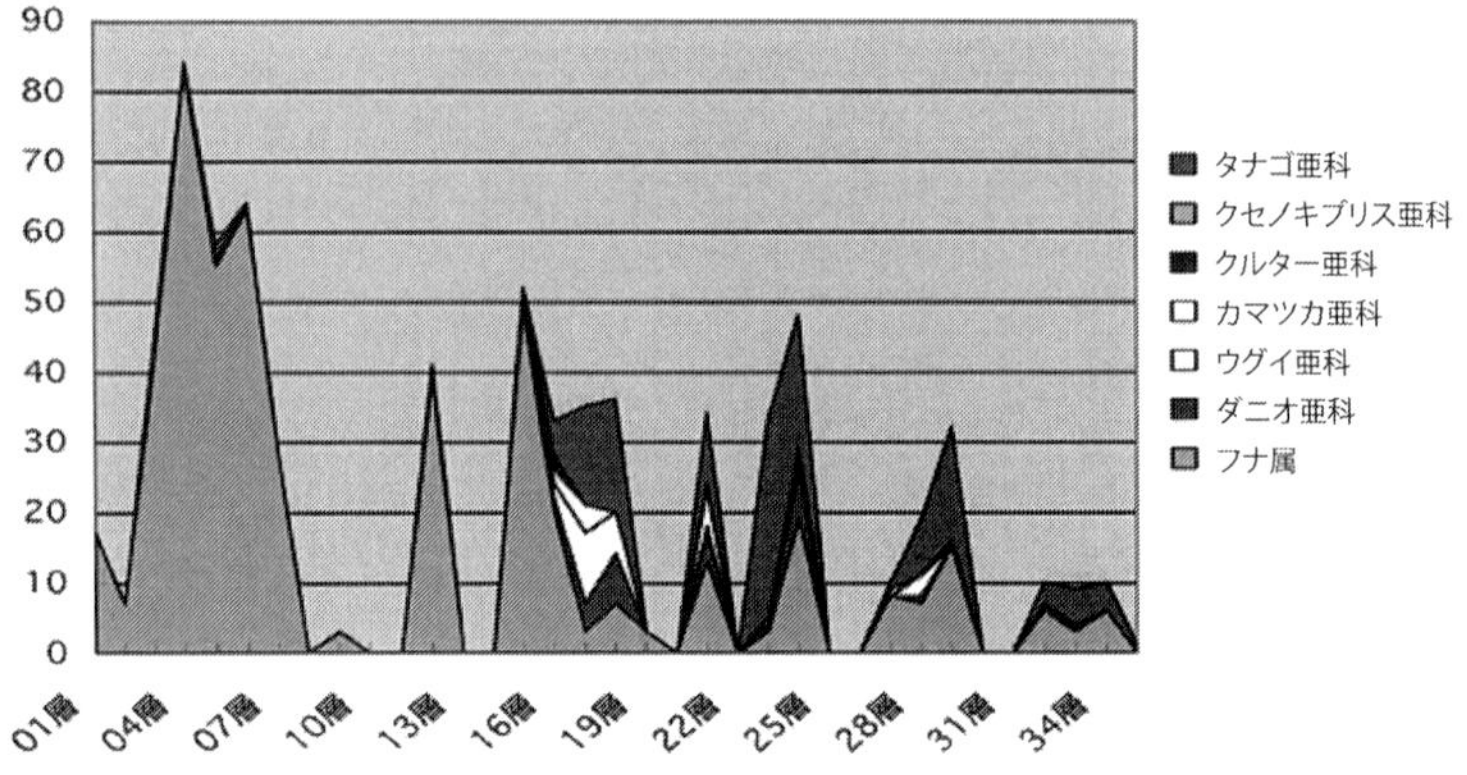

図69　鳥浜貝塚の層別咽頭歯の組成
14層まではさまざまなコイ科を獲っていたが、15層からフナばかりになる。
（中島, 2005）

るだけであるから、大量に獲ることはなかったはずである。それが、保存加工の方法を知ることによって、大量に獲れるフナを獲れるだけ獲り、保存食にする。このことが、第16層と第15層の間の種類構成の劇的な変化として現れたのではないか、おそらく鳥浜では、このときからフナの保存加工が始まったと考えられる。咽頭歯の分析を行った調査区では、コイ科魚類咽頭歯組成が変化する層準は自然貝層で、その層準の上下では、異なる人為貝層が形成されている。咽頭歯組成が変化するあたりを境に、人またはその社会が変わった可能性がある。

赤野井湾遺跡や鳥浜貝塚の咽頭歯遺存体が示すように、縄文時代には、産卵期に大量に獲れるフナ類やコイを保存加工する文化があったと考えられる。獲れるときに獲り、蓄えるということが、フナやコイなどのコイ科魚類を対象に行われていたのである。

西と東の縄文文化

東日本と西日本の縄文文化は自然環境の違いから文化的にも相違していたといわれている。西の縄文文化はヒマラヤ南麓から中

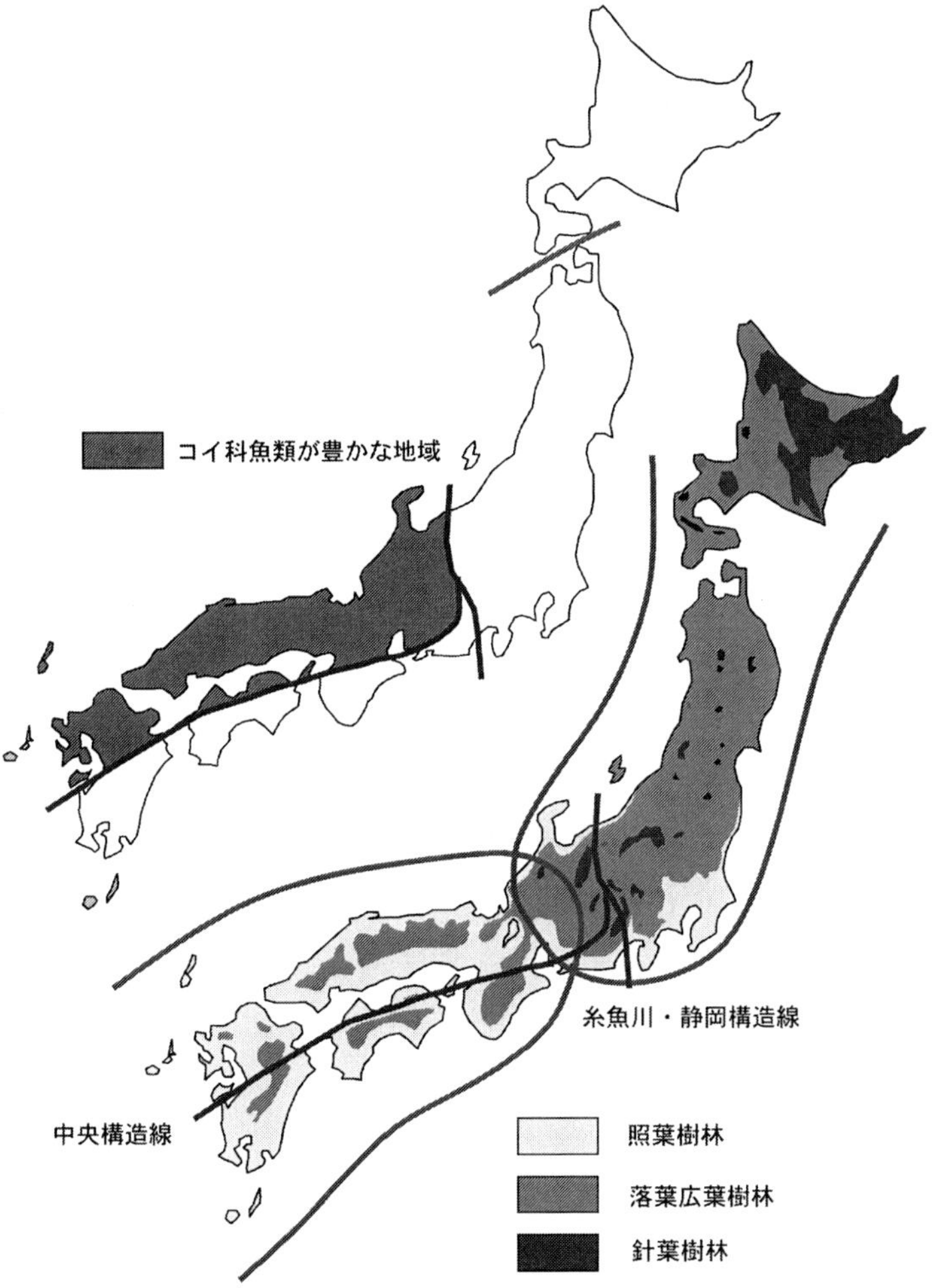

図70　コイ科魚類の豊かな地域(上)、縄文時代の植生と東西の縄文文化圏(下)
西日本の縄文文化圏は、照葉樹林の分布よりもコイ科が豊かな地域と一致する。(中島, 2003)

国の雲南、江南地方から西日本に広がる照葉樹林文化、東の縄文文化は北方アジアのナラ林文化であるといわれている。統計学的手法を用いて縄文時代の人口密度を計算した国立民族学博物館の小山修三先生は、当時の人口密度が東に高く西に低いことを示した。東日本の落葉広葉樹の生産量が高く、タンパク源としてのサケ・マス資源が注目された。東日本に遺跡が多い理由を説明した山内清男先生の「サケ・マス文化論」が多くの考古学者に受け入れられていた。

ところで、粟津貝塚、赤野井湾遺跡、鳥浜貝塚という西日本の縄文遺跡の魚類遺存体の分析を通じて、西日本にもサケ・マス資源に匹敵するフナ・コイ資源があり、サケ・マス資源と同じように、貯えのために保存加工していたことも明らかになってきた。また、西日本の縄文文化圏はコイ科魚類の豊かな地域と一致している。琵琶湖地域以外でも、福井県の鳥浜貝塚をはじめ西日本の縄文遺跡は、潟などの内水面に面した低湿地に位置し、海の幸が得られるところでもフナ類やコイの咽頭歯が大量に見つかる。豊かな淡水系の広がりとそこに生息していた豊かなコイ科魚類、さらに、遺存体としての証拠は見つかっていないがアユの生産量も多く、これらも利用されていたはずである。このような自然環境を背景にした低湿地定住型生活様式が、縄文時代早期末には琵琶湖地域をはじめとした西日本に確立していたと考えることができる。

フナ・コイの縄文文化

鳥浜貝塚や赤野井湾遺跡、粟津貝塚について私と共同で研究している内山純蔵さんは、西日本の縄文時代における低湿地定住生活は、縄文時代早期には確立し、前期には最も拡大し、中期に新たな段階にはいったと指摘している。

縄文時代前期の鳥浜貝塚から発見される動物遺存体の研究から、内山さんは、鳥浜貝塚の集落は冬季にはキャンプ地として、夏季には定住集落として利用されていたことを明らかにした。人里は環境が改変され二次林が形成される。自然の森よりも人のいない人里は、イノシシなどの野生動物にとっては住みやすい環境になっていた。冬季には分散した集落から鳥浜に出向き、そのイノシシを狩っていたのである。春から秋にかけて鳥浜に集まり定住したのは、淡水魚が大量に獲れるからであった。縄文時代前期の赤野井湾遺跡のフナやコイの保存加工の証拠と考え合わせると、フナやコイを対象とする淡水魚撈が定住生活を支える重要な生業であったことは確かである。

縄文時代中期の粟津貝塚の動植物遺存体の分析からは、コイ科魚類とセタシジミの大量捕獲、集団による狩猟、家畜の管理、トチの利用などの多様な生業が高度に組織化され社会集団によって営まれていたこと、粟津貝塚は日常の空間ではなく、社会集団によって頻繁に利用された共同作業場であったことが示された。粟津貝塚の近くにあった集落拠点では1年を通じての定住生活が行われていたのである。

鳥浜貝塚、赤野井湾遺跡、粟津貝塚の動物遺存体が示す、フナ・コイを中心とするコイ科魚類を基盤にした生活文化を「フナ・コイの縄文文化」と呼び、「サケ・マス文化」に匹敵する西日本の縄文文化であると考えることができる。

西日本の縄文文化は、以前に考えられているより高度なもので、人口も多かったはずである。ではなぜ、西日本の人口密度は小さいと計算されてしまったのだろうか。それは、発見された遺跡にもとづく計算だったからである。西日本の縄文時代の集落は低湿地に位置しているため、洪水などで破壊されやすい。また、土砂に埋没し地中深く埋もれてしまう。西日本の縄文遺跡は発見されにくいのである。西日本にも低湿地文化としての「フナ・コイの縄文文化」が琵琶湖地域を中心に花開いていたと考えられる。その低湿地文化という特性が、その後の時代の西日本に大きな影響を与えることになる。

弥生時代の魚類遺存体

初期の稲作は、雨季の水位上昇によって水界が拡大した場、つまり産卵期のフナを獲る場に植えられたのではないだろうか。その後、沖積平野の谷筋に水田が拓かれてゆく。これらの水田と水管理のシステムは魚たちを誘導す

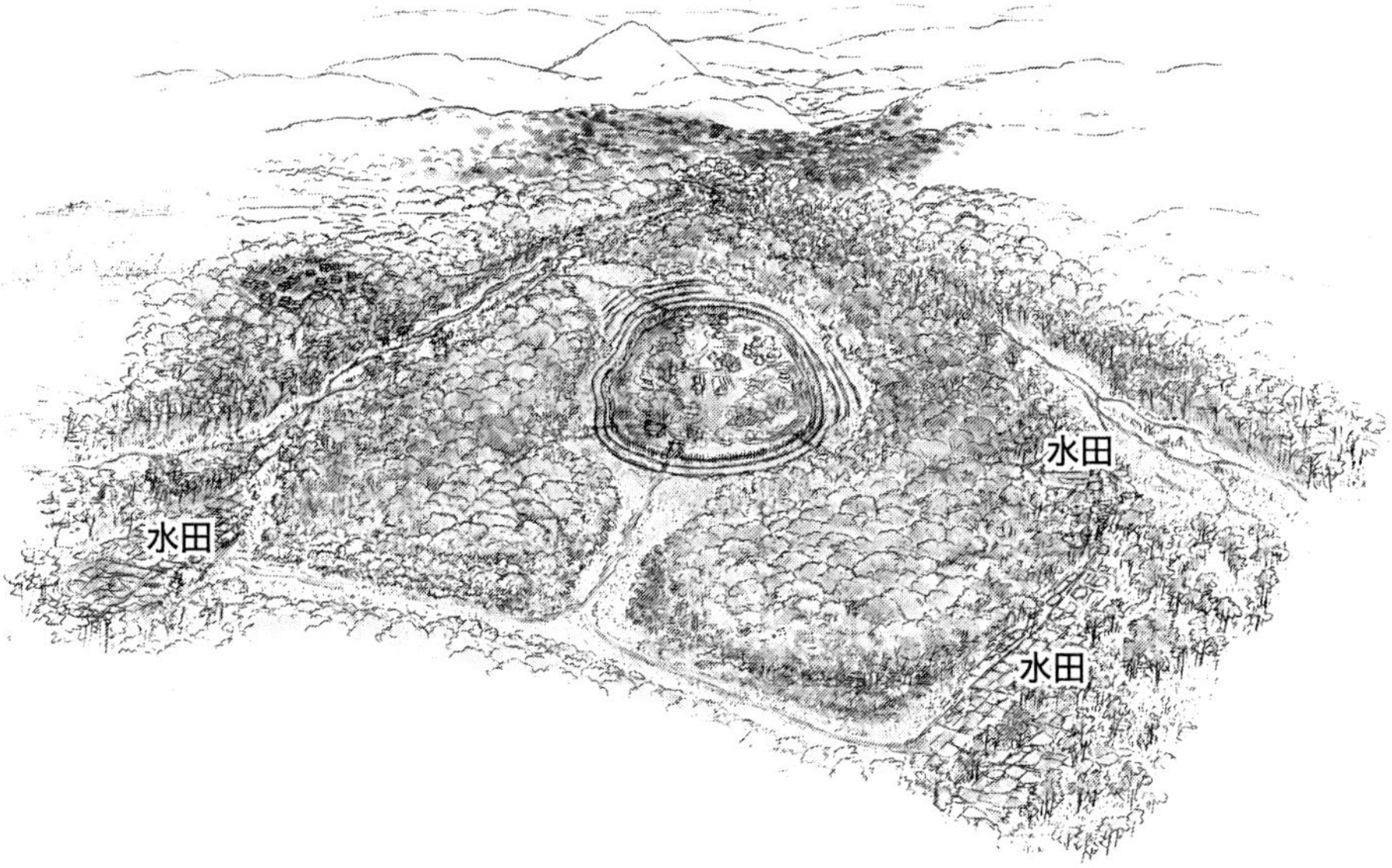

図71　下之郷遺跡の古環境復原図(原画：中井純子氏　提供：守山市文化財保護課)
遺跡より湖側の谷筋に水田が作られている。

る装置として機能したはずである。そのことが、滋賀県守山市の下之郷遺跡によって明らかにされた。

下之郷遺跡は弥生時代中期の環濠集落跡である。幾重にもめぐらされた環濠の最も内側のものからさまざまな動植物遺存体が見つかっている。その中に得体の知れない骨の塊があった。守山市教育委員会の川畑和弘さんは、その塊について琵琶湖博物館に相談に来られた。それはフナ属の鰓蓋であった。川畑さんは、価値があると考え、骨塊の周囲の泥を破棄せずに残しておいてくれた。その泥を水洗選別してみると、たくさんの咽頭歯が見つかったのである。1尾の魚には背骨が最も多いのに、鰓蓋と頭部の骨の残骸、咽頭歯ばかり見つかる。同時に、鰓蓋の塊が見つかった環濠の同じ層準の泥も水洗選別し魚類遺存体を探してみた。ここからも数は多くないが魚の骨や咽頭歯が見つかった。見つかった遺存体は、背骨の占める割合

図72　下之郷遺跡から出土したの鰓蓋骨と咽頭歯遺存体
咽頭歯についてはほとんどがゲンゴロウブナのものであることが確認された。(中島, 2003)

が高く、鰓蓋骨は見つからなかった。また咽頭歯は白く変色し、火にかけたことをうかがわせる。おそらく魚を焼き、食べ残しを捨てたのだろうと思われる。一方、鰓蓋骨の塊は、赤野井湾遺跡A調査区の土坑から出土する遺存体の情況とよく似ている。

鰓蓋遺存体のまわりから得られた多数の咽頭歯はその80％以上が、ゲンゴロウブナのものであった。下之郷遺跡は現在の地形では湖岸からかなり内陸に位置している。下之郷の集落に住んでいた当時の人々は、湖岸までゲンゴロウブナを獲りにいったのだろうか。雨季である産卵期は、稲作に忙しい時期でもあり、その余裕はなかったと考えられる。沖合から湖岸にやってくるゲンゴロウブナを、さらに湖岸から集落近くまで誘導する装置があったのではないだろうか。それが、水田の用排水路や環濠から続く水路だったのではないかと考えられる。

昼間の農作業が終わった雨上がりの夜半、あるいは農作業前の雨上がりの明け方に、琵琶湖から産卵のためにゲンゴロウブナが大挙して水路をのぼってくる。水路を堰き止め、水路の水を抜けば手づかみで魚を獲ることができる。とりたてて漁具は必要ない。集落の子どもも女も男も魚獲りに興じたと考えられる。獲った魚はすぐに処理されたはずだ。

魚の頭部、腹側の付け根を指でちぎる。鰓動脈が切れ、血が流れ出す。

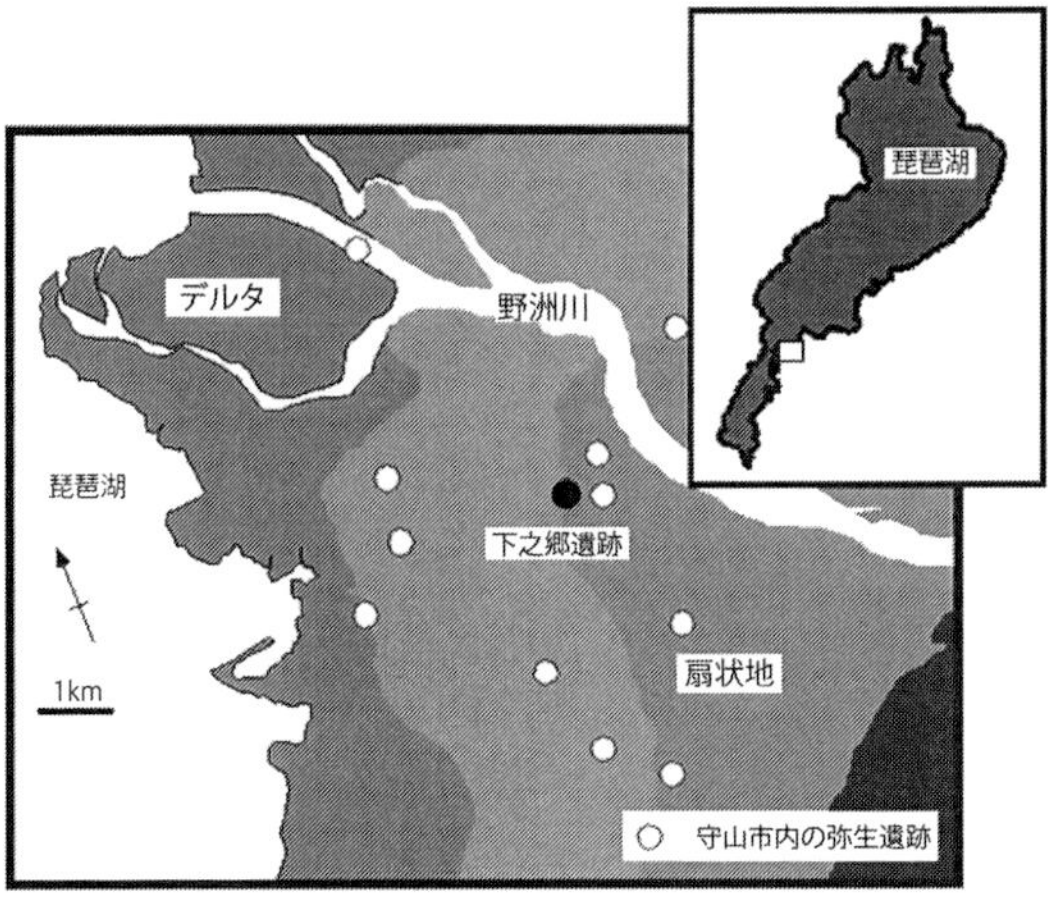

図73　下之郷遺跡の位置
弥生時代の遺跡の多くは扇状地の末端近くからデルタ域の手前までの扇状地性低地の平野に分布している。（中島, 2004）

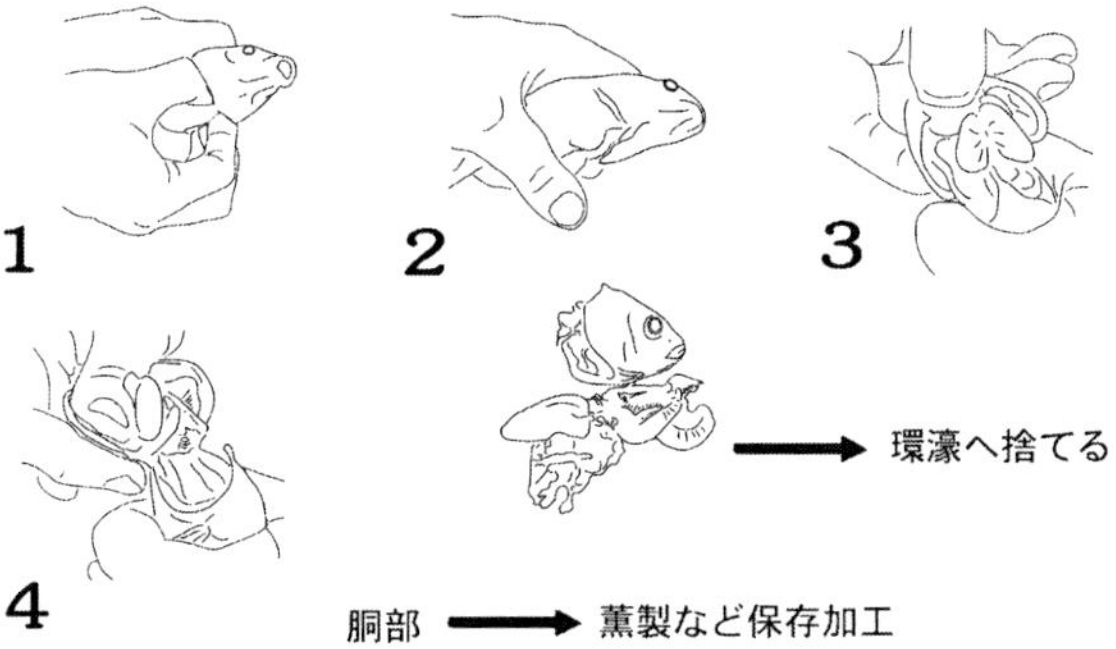

図74　考えられるフナの処理方法（中島, 2004）

血抜きができるわけだ。頭部を背側に折ると頭蓋骨と背骨の関節がはずれる。鰓とともに咽頭骨、それに続く内臓を引きずり出す。この方法によって、食べるところの少ない頭部や腐りやすい鰓や内臓を、肉の多い胴部から簡単に分離することができる。一尾の処理に要する時間は一分もかからない。胴部を開き適当な草で薫製にしながら乾燥させれば保存が可能である。頭部の骨や咽頭骨はまとめて環濠に捨てられた。それが、鰓蓋と咽頭歯の塊として発掘されたのである。

弥生文化の受入

土器様式の交替から、水田稲作をともなう弥生文化は、西日本に急速に伝播したと言われている。西日本の縄文文化は文化人類学的に照葉樹林文化として位置づけられ、焼畑による原始農耕が行われていたといわれている。また、岡山県の南溝手遺跡や津島遺跡で明らかにされたように縄文時代後期には稲作も行われていた。縄文時代のイネは熱帯ジャポニカで、水管理された水田より、低湿な水辺や焼畑での粗放的な栽培に適したものであった。このような西日本の原始的農耕が、水田稲作を受け入れる下地であり、縄文文化の完成度が高い東日本では新しい文化を容易に受け入れられなかったのだと説明されている。淡水魚に富む豊かな淡水の広がりがある琵琶湖地域をはじめとした西日本の自然環境、自然をたくみに利用した低湿地文化の特性をもつ縄文文化という視点で、水田稲作の伝播についてあらためて考えてみる。

赤野井湾遺跡と下之郷遺跡という滋賀県守山市の縄文・弥生時代の２つの遺跡から同じような処理方法で産卵期に採れたフナを保存加工していたと推測される証拠が見つかった。また、静岡大学の佐藤洋一郎さんは、遺伝子分析によって、下之郷遺跡から発掘されたイネの40％が熱帯ジャポニカであることを明らかにしている。西日本の縄文文化では、寄り魚となるフナを対象とする淡水魚撈が重要な生業であった。産卵期は雨季である。水位の上昇によって新しく広がった水界に魚たちは産卵にやってくる。そのような場所が漁場であると同時に、稲作の場であった可能性がある。低湿地での淡水魚撈と稲作がセットになっていた西日本に、水田稲作の技術と温帯ジャポニカが渡来したのである。そこでは、旧来の縄文文化を抹殺することなく、互いに融合し新しい弥生文化が生まれたと考えることができる。水田を作るというたいへんな土木工事を行った理由は、水田が、単に稲作のためではなく、魚をより容易に獲る装置にもなったからである。

つまり、寄り魚を漁獲し保存加工する淡水魚撈文化と熱帯ジャポニカの栽培という西日本の縄文的文化要素が弥生文化の中に継承されていることからわかる。西日本に水田稲作が急速に伝播した理由の一つは、淡水魚撈を重要な生業とする低湿地文化、つまりフナ・コイの縄文文化の存在であったと考えられる。

弥生時代の養鯉

弥生時代になっても、下之郷遺跡の調査によって、「獲れるときに獲って

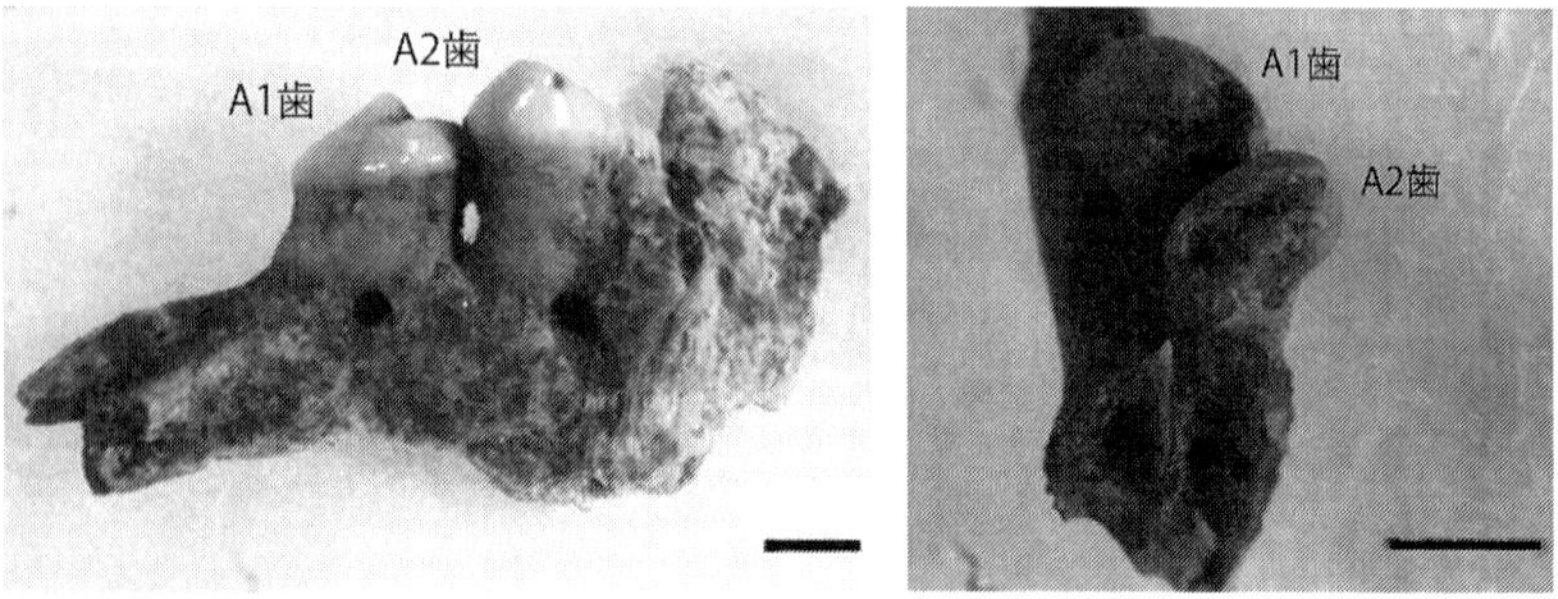

図75　朝日遺跡から出土したコイ咽頭歯遺存体
A1歯には歯鈎があり、A2歯の咬合面溝は1条のものが多く、幼魚の咽頭歯であることがわかる。（Nakajima et al., 2010）

蓄える」という戦略は継続されていることがわかった。その一歩進んだかたちが、獲れるときに獲って、生きたまま蓄えるである。

愛知県の弥生時代の朝日遺跡からの咽頭歯遺存体は、さまざまなコイ科魚類が含まれていたが、コイが最も多かった。そのコイの咽頭歯を見ているとあることに気がついた。A1歯に歯鈎がはっきりと残っているものが多いのである。コイの成魚のA1歯は圧扁され咬合面は平坦で歯鈎はなくなっていたため、朝日遺跡には若いコイが多かったのだとわかる。そこで歯のサイズと体長との相関を琵琶湖の野生ゴイでデータをとり、その関係式から、朝日遺跡のコイの体長分布を調べてみた。すると、縄文時代のさまざまな遺跡のコイの体長分布と違っていた。たとえば、入江内湖遺跡などのコイは性成熟している体長のものばかりで、体長分布はひと山である。多くの縄文遺跡のコイは産卵期に獲られたことを示している。それに対して、朝日遺跡では体長分布がふた山を示し、最大のピークは、１００～１５０㎜で、２つ目のピークが３００～３５０㎜である（図82の朝日遺跡のグラフ参照）。この体長分布からすぐにため池でのコイの畜養を思い出した。その年の春に生まれたコイが秋までに成長すると、およそ１５０㎜になる。産卵期に獲ったコイを水田あるいは池に放流し、産卵させ、秋に収穫すれば、親魚と幼魚が獲れ、体長分布はまさにこのパターンになるのである。

ところで中国では、紀元前460年には、范蠡《ファンリ》により養鯉のハウトゥー本である『養魚経』が著され、養鯉が産業として成り立っていた。この養鯉の技術は、水田稲作とともに大陸から伝わってきたのではないかと考えられる。

縄文弥生時代の遺跡から出土する咽頭歯遺存体を調べていくと、「獲れるときに獲り、蓄える」戦略がはっきりとしてきた。蓄えることが、コイの家畜化に発展していく。漁撈と稲作の発展には、共進化がおこっているのではないかと思われてきた。そのことを次節で述べてみたい。

Column

ワタカについて

私の研究のきっかけになった魚であるワタカは琵琶湖・淀川水系の固有種だといわれている。ワタカはヨシ原近くの沿岸や河川の水草が繁茂する流れの緩やかな場所に生息する。昔は、宇治川、木津川、桂川の合流点付近の遊水池で、最大の池であった巨椋池にも多数生息していた。また、奈良の東大寺鏡池にも生息しているが、これは移植されたものだといわれている。果たしてワタカは琵琶湖・淀川水系の固有種なのか、あわせて、東大寺鏡池のワタカの由来について考えてみたい。

ワタカについての記述がいくつかの古文書にみつかる。奈良市史や天理市史に、大正8年（1919）に書かれた東大寺謝状が掲載されている。この謝状は、鏡池にワタカを放生したことに対し、片岡民治氏と鈴木豊治氏にそれぞれ送られたものである。このことから、東大寺鏡池のワタカは移植によるものであることがわかる。さらに奈良市史によると、明治末から大正時代にかけて奈良盆地各地の池などにワタカが移されている。その中に石上神宮鏡池も含まれている。天理市杣之内木堂にあった内山永久寺が焼失し廃寺となり、境内の本堂池（大亀池）が農業用溜池として使用されることになった。この池にワタカが生息していて、ワタカの絶滅を心配した人々が各地の池に移したのである。

『奈良縣山邊郡誌』の第六章大字杣之内にある内山永久寺の記述の中に、ワタカにまつわる次のような言い伝えが載っている。意訳して記すと、

「本堂池には珍しい魚がいて、草を好んで食べ、馬面に似ているので馬魚といい、高名であったが今はいない。諸木堂の鈴木氏の堀で飼おうとしたが、育たなかった。諸方から飼いたいという注文があったといわれている。伝説では、元弘年間に後醍醐天皇が内山に逃れてこられたとき、この池のはたで死んだ御馬の魂であるといわれているが、どうだろうか。（中略）

馬魚については一説によると、赤松円信が後醍醐帝を追って内山にはいったとき、御門は馬にのって本堂池のそばに立っておられた。追っ手の円信の馬がいななくのに応えて、御門の馬がいななこうとしたので、みつかっ

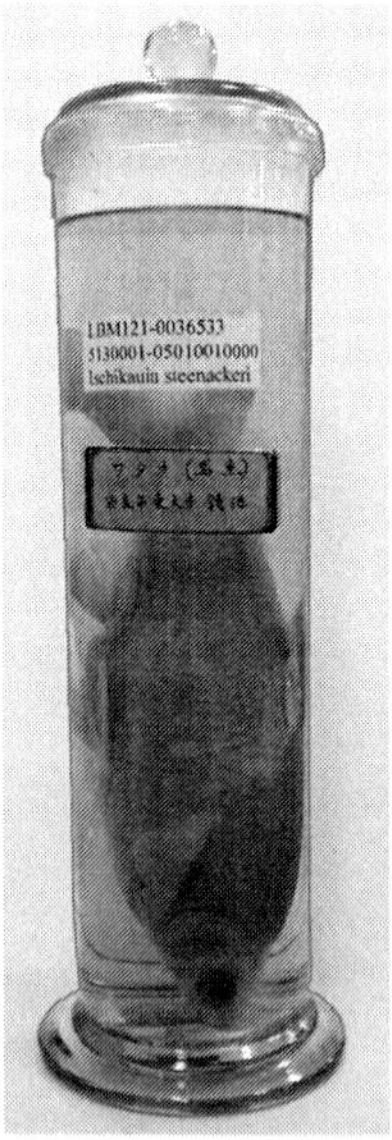

東大寺鏡池のワタカの液浸標本
（滋賀県立琵琶湖博物館蔵）

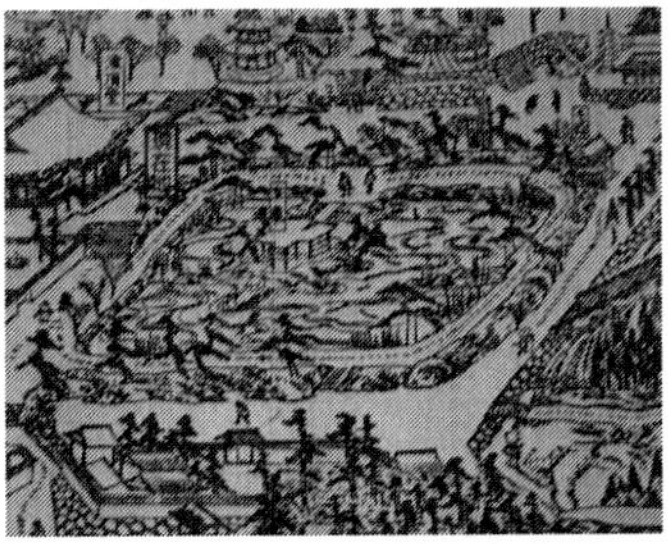

碑に書かれている本堂池の鳥瞰図

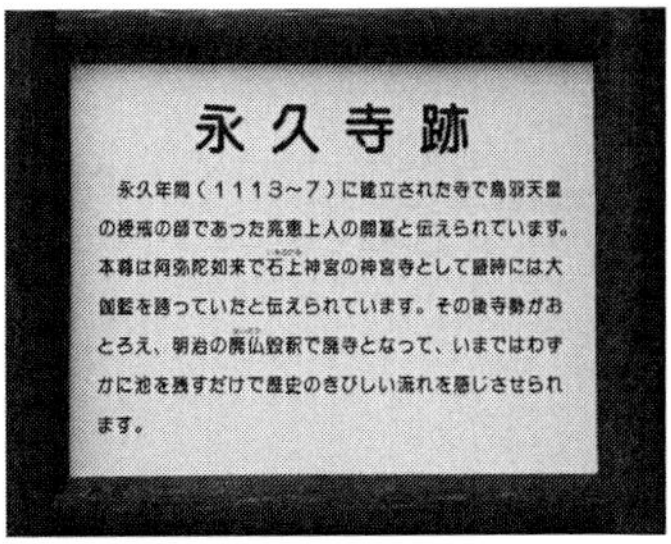

内山永久寺の碑

ため池として使われている旧内山永久寺本堂

てはいけないと、馬の首を切り落とし、茅の陰にお隠れになった。その馬の首が池に沈んでワタカとなったのだと伝えられている」

ワタカは、後醍醐天皇にかかわる魚であった。この伝説とともに本堂池のワタカは有名であったようで、文献史料でたどることができる。現在までの調査で、ワタカについての最も古い文献史料は、天保9年（1838）に書かれた安田相郎の『大和巡日記』で、次の記述がある。

「後醍醐帝笠置に落ちてここに入御し処也。大塔宮もかくれ給ひし処也。本堂の下池有、中島有、其島に宝蔵有、醍醐、大塔、鳥羽三公の宝物入由。此池にワタコと言魚数々居り、上意上人持来放したるより、数魚繁昌したる由」

本堂池のワタカも放生による移植であることがわかる。文書によると、東大寺鏡池や石上神宮鏡池のワタカは、内山永久寺本堂池のワタカにたどり着き、天保年間までさかのぼることができた。国立博物館が行った内山永久寺についての調査で、置文などの古文書が調べられているが、ここにはワタカについて触れられていない。寛永年間に著された『大和名所図会』などにもワタカの記述はない。

ワタカについての文書の記録は三方五湖にもある。その魚類相を知る文書として、千田九朗助家文書がある。江戸時代の萬治2年（1659）に書かれた「酒井忠直大網見物拝領魚数覚」に、フナやハスとともにワタカが記されて

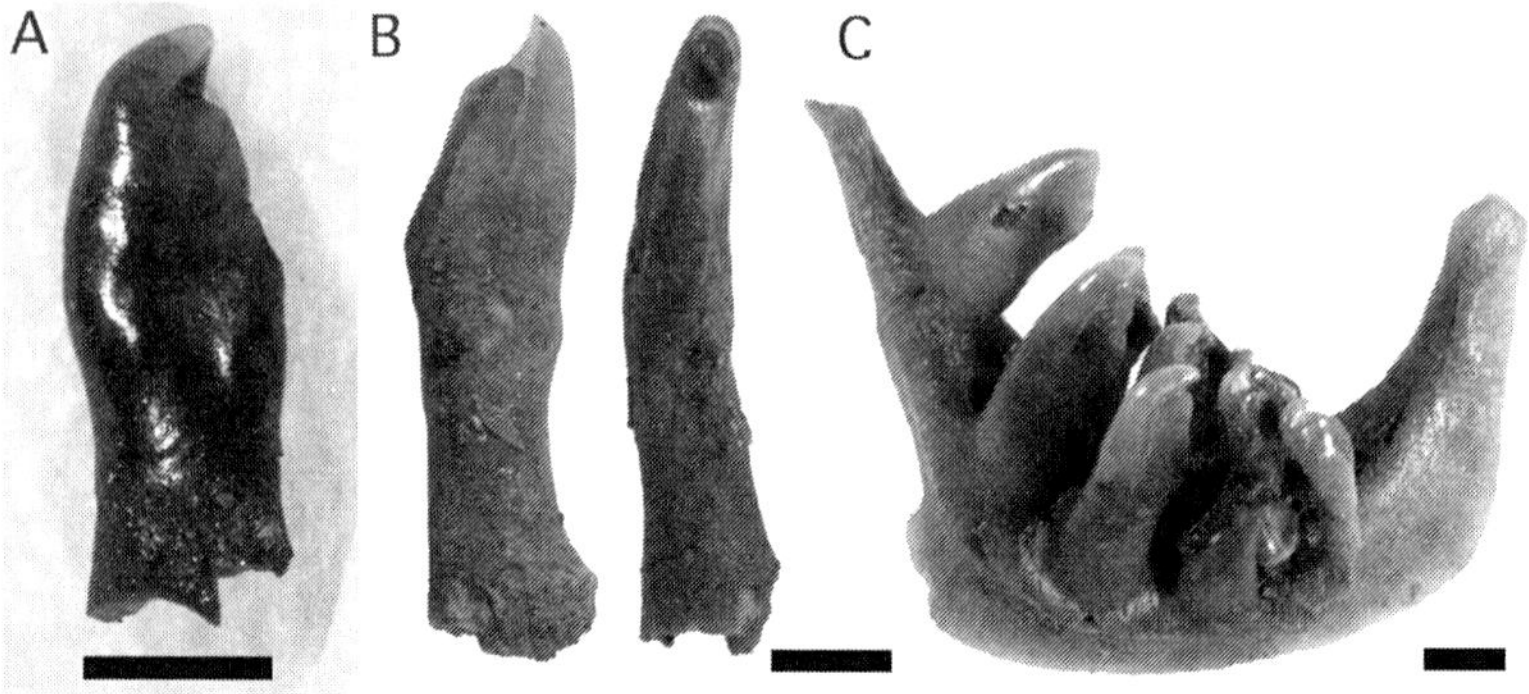

鳥浜貝塚(A) と唐古・鍵遺跡(B と C) から出土したワタカの咽頭歯遺存体
スケールは1mm。

いる。鳥浜村からは、ハスが７２０、フナが２９０、ワタカが２００と書かれている。江戸時代の三方五湖にはかなりの数のワタカが生息していたことがわかる。三方五湖は琵琶湖・淀川水系ではないが、ハスとともにワタカが江戸時代に分布していた。ワタカについては、現在の分布は知られていないが、ハスについては、つい最近まで分布していた。

古文書によって、三方五湖では１６００年代、奈良盆地では１８００年代までワタカの記録をたどることができたが、それより以前についてはわからなかった。考古遺跡からのワタカの記録を探ろうと考えている時期に、奈良県田原本町にある弥生時代中期の唐古・鍵遺跡や福井県三方町にある縄文時代前期の鳥浜貝塚の魚類遺体を分析する機会を得た。そして、両遺跡からワタカの咽頭歯が発見された。鳥浜貝塚からは、ワタカの他にハスが検出され、さらに、日本列島から絶滅したクセノキプリス *Xenocypris* sp の咽頭歯も発見された。

奈良盆地と三方湖には、江戸時代にワタカがそれぞれ分布していた。奈良盆地のワタカについての文献や古文書には、放生や移植について記されている。そのためか、奈良盆地のワタカは、人為的に移植されたものであり、自然分布ではないと考えられているようである。ところで、前掲の山邊郡誌にもあるように、移植しても育たない。奈良市史にも内山永久寺本堂池からあちこちに移植したが、失敗したという記事が載っている。最近、ワタカは琵琶湖のアユの放流によって、各地の水系で見られるようになったことからわかるように、限られた環境でないと繁殖できない魚ではない。しかし、擦れには弱く、成魚を網ですくって他の水系に移植しようとするのはかなり難しい。奈良県史にあるように「奈良盆地のワタカは、琵琶湖から人為的に移植された」とは考えにくい。奈良盆地内の水系から移植されたのではないだろうか。

また、三方湖に、縄文時代から江戸時代までワタカやハスが生息していたのはなぜだろうか。このことを考える糸口は、鳥浜貝塚から見つかったクセノキプリスの咽頭歯である。クセノキプリス類は、更新世までの日本列島西部の優先的な淡水魚のひとつであったが、縄文時代中期の琵琶湖を最後に、現在の日本列島からは絶滅している。縄文時代の琵琶湖には、クセノキブリス以外にも現在の日本列島から絶滅した魚がみつかっている。これらの魚は、琵琶湖という多様な環境がある大きな水系だけに遺存的に生息していたように思えたが、三方湖から見つかったことにより、琵琶湖だけに生息していたのではないことがわかった。今後、クセノキプリス類の遺体が広く縄文遺跡から見つかる可能性がある。

ワタカについても、同じように考えることができる。九州の鮮新統津房川層からワタカ属の化石が見つかっており、「いつ、どのような経路で三方湖にワタカやハスが入っていった」かと考えるより、本来、ワタカやハスは日本列島西部に広く分布していたと考えるべきである。そして次第にその生息環境が狭められてきたと考えたほうが妥当である。このように考えた場合、ワタカは琵琶湖・淀川水系で進化した固有種というよりは、むしろ、もともとは広い分布域をもっていたものが限られた水系にだけとり残された遺存種と考えたほうがよい。

ワタカの生息環境は、ヨシや水草が茂る沼沢的環境や湖の沿岸帯である。沼沢的環境はワタカの生息していた淀川の遊水池である巨椋池が干拓されたように、人間がまっさきに改変するような環境である。さらに湖辺域を水田にかえたり、護岸にしたりしながら、ワタカの生息環境を悪化させてきた。ワタカの生息環境として考えてみると、奈良盆地では、大和川の奈良盆地の出口付近にあった大きな遊水池が中世に干拓されている。奈良盆地では、中世にワタカは自然分布できなくなり、三方湖では江戸時代以降の湖岸環境の改変でワタカが絶滅し、今、琵琶湖でも絶滅に向かっているのではないだろか。奈良盆地では、ワタカは親しみのある魚として、奈良盆地内の自然の水系から内山永久寺の本堂池にも移植され伝説まで生まれ、その一部がさまざまな池や堀に移植されたが、生き残ったのは東大寺の鏡池と石上神宮の鏡池であったのではないだろうか。

第三節　淡水漁撈と稲作との関係

田螺山遺跡

漁撈と稲作との関係をもう少し詳しく知りたい。そのためにはイネが他の地域から移入されてきた日本列島ではなく、野生イネが自生する中国の新石器時代の遺跡を調査する必要を感じていた。そんな折り、金沢大学の中村慎一さんの研究プロジェクトに加えてもらうことができ、中国浙江省の田螺山《でんらさん》遺跡から出土する咽頭歯を分析することになった。

田螺山遺跡は浙江省余姚《よよう》市に所在する河姆渡《かぼと》文化期の遺跡で、水田址はまだ見つかっていないが、大量の籾が出土している。イネは野生品種と栽培品種が混在し、本格的な水田稲作はまだ行われていなかったと思われている。この遺跡からは、植物遺存体とともにコイ科の咽頭歯遺存体を含む動物遺存体が多量に出土している。この遺跡から出土する咽頭歯遺存体の分析をすることによって、漁撈と稲作との関係について何か言及することができればと

図76　田螺山遺跡　遠景と発掘現場
発掘現場はドーム状の屋根で覆われ、博物館として保存されている。

考えた。

この遺跡からはK3ピットと呼ばれる魚骨が大量に詰まった横600㎜、縦800㎜、深さ400㎜ほどのピットが発見されている。この魚骨ピットは、およそ6000年前のもので、田螺山遺跡の中で最も古い時期のものである。このピットからは大量の保存の良い咽頭歯がそろった咽頭骨が見つかり、さらに単独の咽頭歯やコイ科以外の魚の顎歯、大量の脊椎骨などが検出された。コイ科は、フナ *Carassius auratus auratus*、コイ *Cyprinus carpio*、クルターの仲間の *Culter alburnus* と、咽頭歯と咽頭骨が完全に保存されていたので種まで同定することができた。そのコイ科の三種の構成比は、フナが88・6％、コイが9・0％、クルターが2・0％で、フナが圧倒的に多かった。このピットの中に収められた魚の推定個体数はコイ科が1500個体、他の魚は10個体で、コイ科は他の魚の150倍と圧倒的に多いことが分かった。さらに3種のコイ科はいずれも性成熟している大きさのものでおそらく産卵期に獲られたのであろうと思われる。ところで、コイもフナも性成熟した後、複数年にわたって産卵を行うので、産卵個体群の体長分布をグラフにしてみると、初めて性成熟する体長あたりをピークにそれより大きい体長に向かって減衰していくグラフが描かれる。ところが、田螺山遺跡から出土したコイとフナの推定体長の分布は初めて性成熟する体長付近をピークにした正規分布に近いものになっていた。このことから推定された漁撈の方法は、個体数が最も多い初産卵の魚を狙った何らかの漁法でコイやフナを大量に獲り、ピットに収めたものと思われる。このピットからは咽頭骨や咽頭歯ばかりではなく、脊椎骨など全身の骨が出土しているので、赤野井湾遺跡や下之郷遺跡のようなゴミ箱ではなく、このピットの中で魚を保存処理したものと考えられる。その方法はおそらく、発酵ではないかと推定している。骨の保存がよいので、乳酸発酵ではなく、魚醤を作っていたのではないかと思

図77　K3魚骨ピット
上から発掘前の遺存体で満たされた魚骨ピット、遺存体を取り出しているようす、水洗選別によって得られたコイ科の咽頭歯遺存体。

われる。このような魚骨ピットはほぼ同時代の跨湖橋《ここきょう》遺跡でもいくつか見つかっており、河姆渡文化の時代には、このような方法で、魚の保存加工が行われていたと思われる。

日本の縄文時代の遺跡でも見られるように、田螺山遺跡でも、さまざまな食糧資源を利用している。田螺山遺跡では、イネもコイ科の魚も多様な食糧資源の一つである。後氷期以後の気候の温暖化は、湿潤の環境を作り出し、魚にもイネにも適した環境が創出され、豊かになったはずである。田螺山遺跡に暮らした人々はこれらを食糧のメニューの一つに加えたのである。

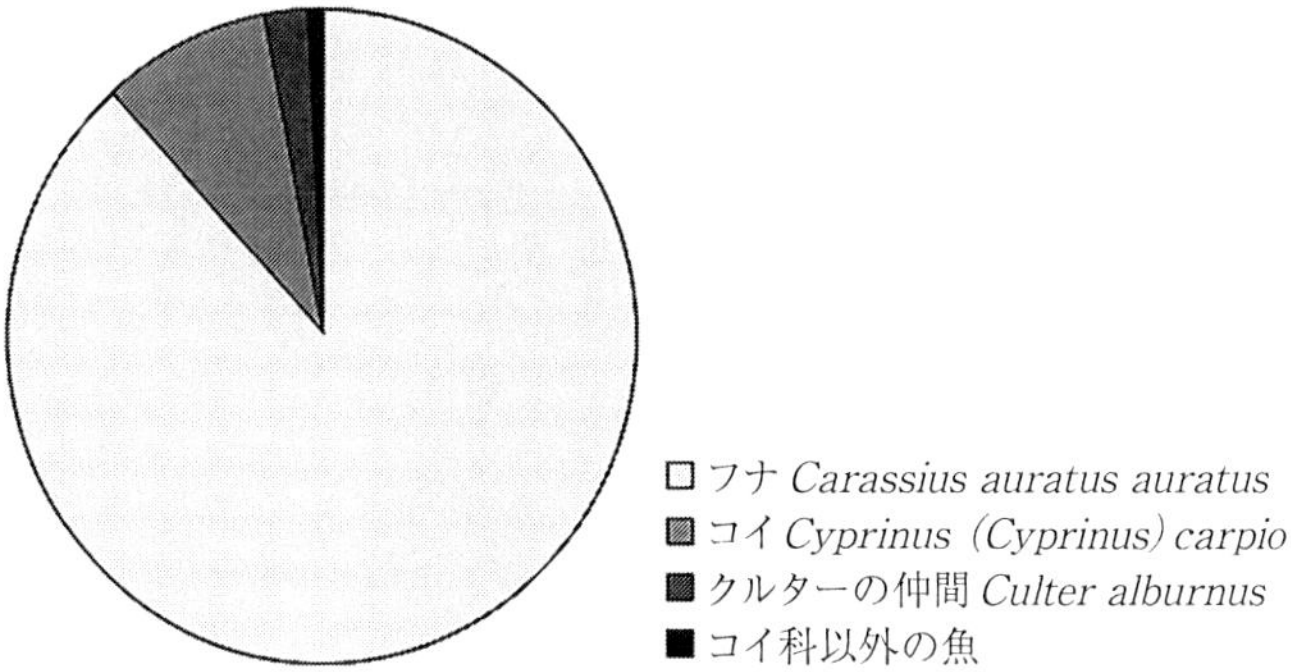

図78　魚骨ピットの中から出土した咽頭歯や顎歯から推定した魚の構成比
(Nakajima et al., 2010)

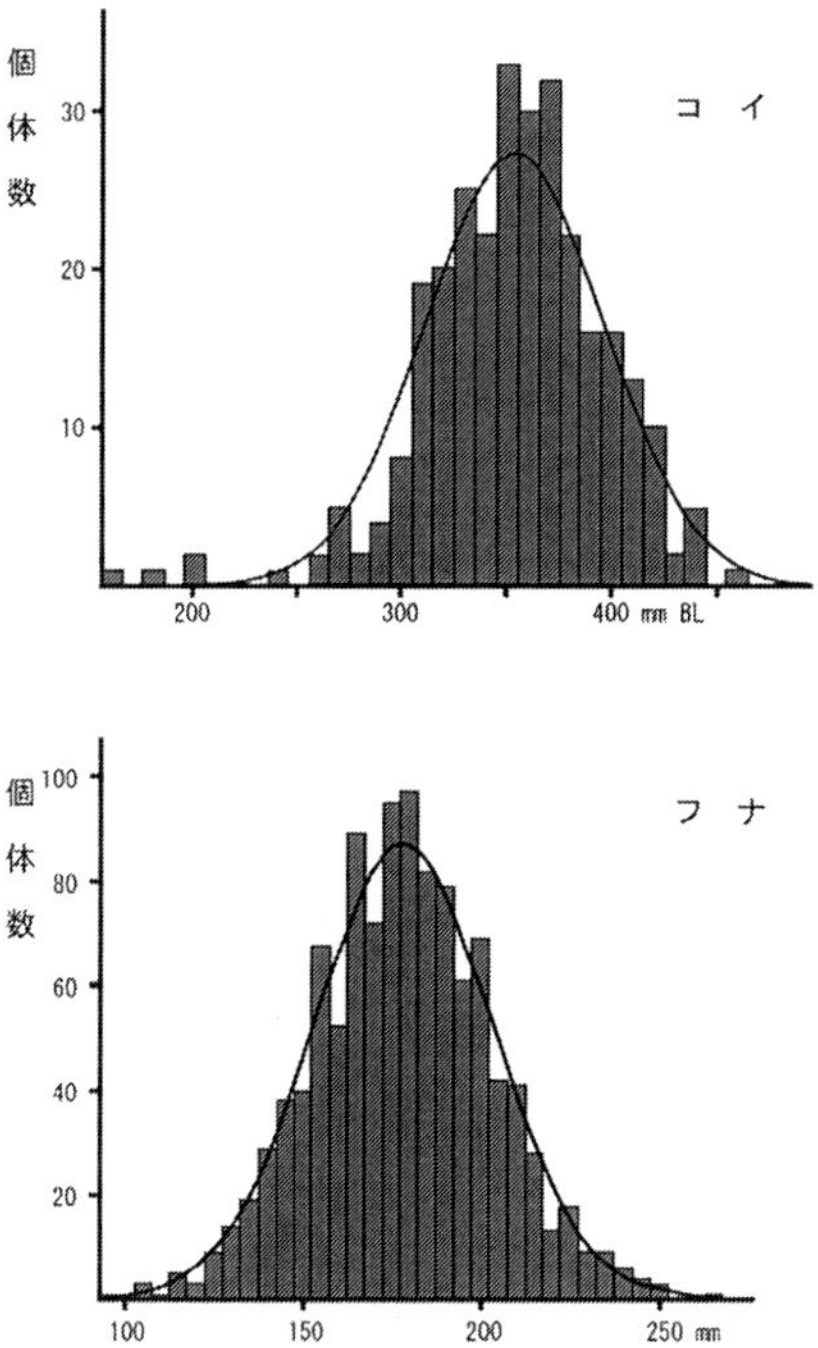

図79　魚骨ピットから出土したコイとフナの推定体長分布
縦軸は個体数、横軸は推定体長。
(Nakajima et al., 2010)

図80　賈湖遺跡
すでに発掘調査が終わっていてここから出土したコイの咽頭歯の分析を行った。

賈湖遺跡

金沢で田螺山遺跡の研究成果発表会が開催され、私も咽頭歯遺存体の研究成果を発表した。私の発表を聞いていた中国社会科学院考古研究所の袁靖《ユエンチン》さんは、「目から鱗」と言って、私の研究に興味を示してくれた。当時、中国の動物考古学では、コイ科の咽頭歯を分析することなど行われていなかったのである。北京の考古研究所にある咽頭歯遺存体を見てくれと言われ、北京の考古研究所に何回か出かけ、咽頭歯遺存体の調査を行った。その中で、河南省の賈湖《かこ》遺跡の咽頭歯遺存体に注目した。

賈湖遺跡は裴李崗《はいりこう》文化の最も古い時期の遺跡で、９０００年から７７００年前の新石器時代の遺跡である。アワ、ヒエなどの雑穀などの栽培が行われていた黄河流域の遺跡としては珍しく籾が出土している。本来、野生イネは長江流域が分布域であったが、気候の温暖化により、その分布を北に広げ、黄河流域の文化圏にたまたま到達していた。そのときに形成されたのが賈湖遺跡である。この遺跡からは甲骨文字につながるかもしれないと考えられている賈湖契刻文字が刻まれた亀甲、家畜化されたイノシシ、酒の発酵の証拠、骨笛などが出土している。

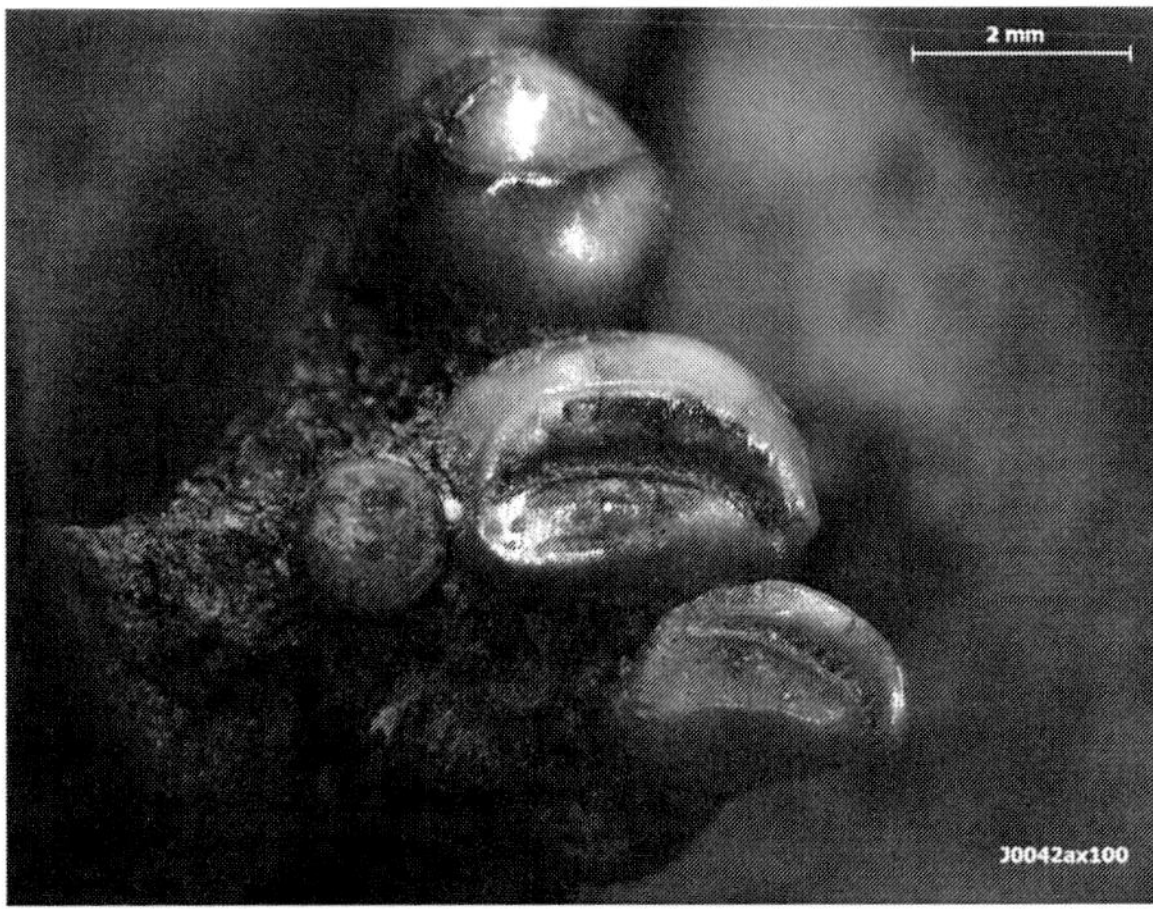

図81　賈湖遺跡から出土したコイの咽頭歯遺存体
朝日遺跡のコイと同様、A1歯には歯鈎があり、A2歯の溝は1条で、幼魚の特徴を示している。

すでに考古研究所によって水洗選別され検出していた賈湖遺跡からの咽頭歯や咽頭骨を同定した。ここからは、大量のコイのほかに、バルブス亜科、クルター亜科、ソウギョやアオウオ、フナ、エロピクチス *Elopichthys* などのコイ科の咽頭歯や咽頭骨が検出された。ここで注目されたのは、大量のコイ属の咽頭歯で、この中には、リュウシュウゴイ *Cyprinus longzhouensis* と呼ばれるコイ *C. carpio* とは別の種のコイが見つかった。リュウシュウゴイは、広西などの南中国に分布しているコイで、河南省などの黄河流域には分布していない。当時の気候が今よりも温暖で、野生イネが分布域を北に広げていたこととよく一致している。

賈湖遺跡からは１１２８点の咽頭歯遺存体が出土しているが、その内８６８点がコイ属の咽頭歯で、コイの占める割合が多い。養鯉を行っていたことが確認された弥生時代の朝日遺跡でもコイの占める割合が高かった。ひょっとするとと思い、コイの咽頭歯を詳しく調べてみた。するとA1歯に小さな歯鈎がみられたり、A2歯の溝が一条であったり、幼魚の特徴を示すものが多かった。そこで、これらのコイの咽頭歯から推定体長をもとめ、体長分布を調査することにした。

賈湖遺跡は、９０００年から８６００年前の第1文化層、８６００年から８２００年前の第2文化層が、８２００年から７７００年前の第3文化層からなる三つの文化層に区分されている。文化層毎にコイの体長分布を調査することにした。図82に示したように、第1文化層では明らかに産卵期の漁撈、第2文化層でははっきりとは分からないが産卵期の漁撈とはいいがたい体長分布、第3文化層では朝日遺跡と同じような二つのピークをもつ体長分布を示した。少なくとも第3文化層になって初めて養鯉が行われるようになったことが明らかになった。これは世界最古の養魚の記録として、*Nature Ecology and Evolution* に発表された。

賈湖遺跡と朝日遺跡の養鯉について比較してみると漁撈と稲作の関係がみえてくる。朝日遺跡の場合は水田稲作が行われている。前節で述べたように、すでに中国では養鯉は紀元前の春秋時代には産業として成り立っており、水田稲作とともにその技術はある程度完成したものとして日本に伝来した可能性がある。賈湖遺跡の場合、水田址も見つかっておらず、イネも栽培品種かどうかも分かっていない。養鯉の仕方も初歩的なものであったはずである。産卵に寄ってきた性成熟したコイをとらえ、水位を制御できる池、あるいは川や湖沼の岸辺近くの水溜まりなどに畜養する。そこでコイは自然に産卵し、

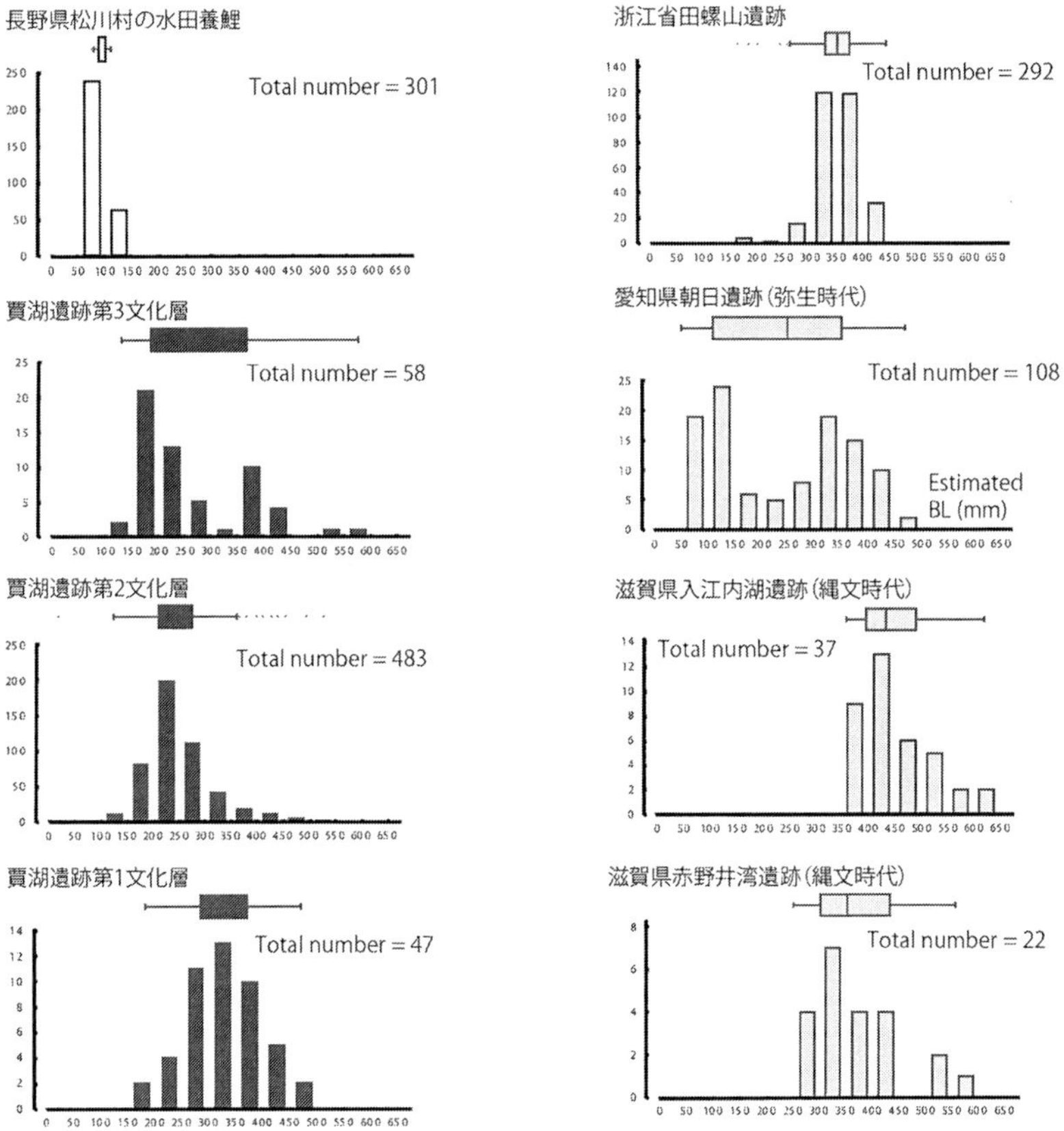

図82　賈湖遺跡の各文化層、田螺山遺跡、日本の弥生遺跡（朝日遺跡）と縄文遺跡（入江内湖遺跡、赤野井湾遺跡）から出土したコイの推定体長分布

縄文遺跡と田螺山遺跡、賈湖遺跡の第1文化層は産卵期の漁撈、朝日遺跡と賈湖遺跡の第3文化層は養鯉が行われていたことを示す。（Nakajima et al., 2019）

孵化した仔稚魚はその池の中の天然の餌料で育ち、秋までにおよそ150㎜の体長になる。この時、水を抜いて、そのコイを収穫すれば、コイの体長分布のグラフは、150㎜付近と300㎜以上の二つのピークをもち、前者のピークが高くなる。貫湖遺跡第3文化層の時代にはこのようなしかたで養鯉が行われていたと考えられる。これは最も初歩的な養鯉であったと思われる。

最も初歩的な養鯉といっても、かなり技術的には難しいものがある。コイを天然の池に放ったとすると、その回収には漁とかわりないくらい手間がかかるはずである。コイの畜養には、池の水位を制御できる技術が前提となる。コイを放すときには満水にし、回収するときには水を抜くのである。さらに、池を掘る土木技術も必要である。これらの技術は水田稲作にはかかせない技術である。水田や水路を作る土木技術、稲作のスケジュールに合わせた水田の水位調節技術といった具合によく類似している。貫湖遺跡にはまだ水田がなかった。水田稲作に先行して養鯉がはじまっていたことになる。このことが淡水漁撈と稲作の関係を紐解くヒントになった。

更新世から現世への環境の変化

淡水漁撈と稲作の関係を考える前に、更新世（250万年前～1万170

0年前）から現世（1万1700年前以降）にかけての環境の変化について触れておかなければならないと思う。更新世はいわゆる氷期と間氷期が繰り返された氷河時代である。旧石器時代とほぼ一致し、人類が原人から新人に進化していく時代でもある。現世（完新世）は後氷期ともいわれる。

旧石器時代の人々は、大型草食獣を対象とする狩猟生活を送っていた。移動性のある大型草食獣を追いかけてキャンプ生活をしながら移動を繰り返していた。後氷期になって、気候が温暖になるとともに降水量が増え、針葉樹と草原の環境から、広葉落葉樹や照葉樹の森林環境への変化が起こる。大型草食獣の生息環境が悪化し、個体数を減らしていった。日本列島では、ナウマンゾウやオオツノジカが1万年前には絶滅してしまう。大型草食獣の減少や絶滅は、人類に食糧資源の転換をせまった。粟津貝塚でも示されているように、縄文時代には季節毎にさまざまな資源を食糧としている。人類は肉食から雑食へと食性を変えざるを得なかったのである。中国大陸でも同様で、コイ科の魚、イシガイ類などの淡水貝、ヒシなどの淡水資源が加わり、クルミやドングリといった堅果類、ヒエやアワなどの雑穀類などの植物が食糧に加わった。さらに長江流域では、雑穀類に代わってイネが加わったのである。更新世から現世になると、人類社会は狩猟経済からさまざまな食糧資源を利用する広範囲経済に変化したのである。

野生イネが自生する長江流域ではどのようなことが起こったのかを考えてみる。植物は動物と違って移動することがない。落葉広葉樹や照葉樹は毎年秋になると実をつける。フナなどのコイ科魚類は春先から初夏にかけての雨季になると大挙して産卵にやってくる。決まった季節に決まった場所で食糧が十分に得られれば移動する必要がない。「獲れるときにとって蓄える」ことによって、より定住性が高まったはずである。

魚と米の関係のはじまり

日本の縄文・弥生時代の遺跡、中国の新石器時代の遺跡から出土するコイ科の咽頭歯遺存体の研究から魚と米と人の関係史について思いを巡らしてみることにする。

フナやコイなどのコイ科魚類が豊かな日本列島西半部から長江流域にかけて暮らしていた人々が、低湿地の水辺に近づいた動機は、産卵のためにヨシ原にやってくるフナやコイだったはずである。毎年決まった時期に、つまり雨季の降雨の後に群れをなして産卵にやってくるフナはあてになる食糧であった。それを保存加工することができれば、定住生活が可能になる。長江流域では、そこに野生イネが自生しており、秋になればイネが結実することを発見する。その種子である米の採集を始めたはずである。これが魚と米と人の関係の始まり、今から1万年前の新石器時代のことであった。江西省の吊《ちょう》桶環《ひかん》洞穴や湖南省の玉蟾岩《ぎょくせんがん》洞穴、さらに浙江省の浦《ほ》江上山《こうじょうざん》遺跡などの長江流域の約1万年前の新石器時代の遺跡から籾が出土している。フナやコイの産卵場はまさに野生イネが自生するような水辺のヨシ原のようなところであった。魚を獲ることが、米を採るきっかけになったのである。

人々は、少しでも安定的に食糧を確保したいと考える。イノシシの家畜化が始まるのもこの頃である。生活拠点近くの管理しやすい水辺にイネを播種あるいは苗を植えたにちがいない。野生イネでは結実した籾は脱粒してしまう。籾が脱粒して落ちてしまっては採集が大変である。脱粒しないイネを選び出し栽培品種を作り出していった。田螺山遺跡では、脱粒しない栽培品種と脱粒する野生品種がほぼ半々であった。

コイも生きたまま蓄えるために小さな水溜まりに畜養した。水位を管理することができる水溜まりにコイを畜養すれば、必要な時にコイを獲ることができる。また、秋になればコイの幼魚がたくさん獲れることを知ったはずである。水位調節できる大きな池を掘り産卵期に捕獲した性成熟したコイを放し、秋に池の水を抜き、たくさんの幼魚を捕獲したはずである。自然産卵、自然の餌にまかせた初歩的な養鯉であっても水利技術や土木技術の発達を促し、水辺は改変されていった。養鯉のための池が作られ、魚が産卵に寄り付きやすい水辺を作った可能性がある。その魚の産卵場である水辺でイネの初歩的な栽培である半栽培が行われ、野生品種から栽培品種が作られ、しだいに栽培品種の比率が増していったと考えられる。

次の段階は、養鯉技術の稲作への応用である。池を作る土木技術や、水位調節のための水利技術は、米をより効率的に収穫するための水田作りに応用される。水田での稲作が始まる。水田稲作は、水辺での米の採集やイネの半栽培と違い、米の収量を大幅に増加させる。良渚《りょうしょ》文化や石家河《せっかが》文化といった長江流域の都市文明を支えることになる。これら文化の遺跡からは、水田址や籾とともにコイ科の遺存体もみつかる。水田稲作とともに淡水漁撈も盛んに行われていたのである。

春秋戦国時代には、越の宰相である范蠡は、『養魚経』を著し、国を富ませる方法としての養鯉を推奨している。漢代になると水田での養鯉を示すような陂塘《はとう》水田模型が作られている。さらに、唐代になると、四大家魚と呼ばれるソウギョ、アオウオ、ハクレン、コクレンの稚魚からの養殖も行われるようになる。

現代でも、浙江省の温州などでは、田魚と呼ばれるコイ *C. carpio* を水田で養殖し、秋に収穫することがおこなわれている。長野県の佐久や松川でも、水田での養鯉やフナの養殖が行われている。魚が田にいることによる稲作へのメリットがあるから、水田での養殖が行われているのである。

魚と米の関係のそれから

日本列島に本格的に水田稲作が入ってきたのは弥生時代になってからである。北九州から始まる水田稲作は、西日本に急速にひろがる。このことは西日本の縄文文化が低湿地での「フナ・コイの縄文文化」であることに関係していると述べた。このことについて説明しながら、魚と米と人との関係のそれからについて考えてみたい。

雨季には自然の川や湖でも水位が上がり、陸域であったところが冠水する。新しく冠水した土壌は、還元的になり、泥中の栄養塩が溶け出し、植物プランクトンの栄養になる。それが餌となって動物プランクトンが増殖する。卵から孵った仔稚魚にとって餌が提供されるのである。また、このような水域には水中にいる怖い敵もまだ少ない。そこで、フナやコイの親魚は、干上がる危険を冒してまで、一時的な水域に入ってきて産卵するのである。

水田という環境は一時的な水域であり、その広がりはフナやコイにとっての生活場所や産卵場所が広がったことを意味する。ゲンゴロウブナの咽頭

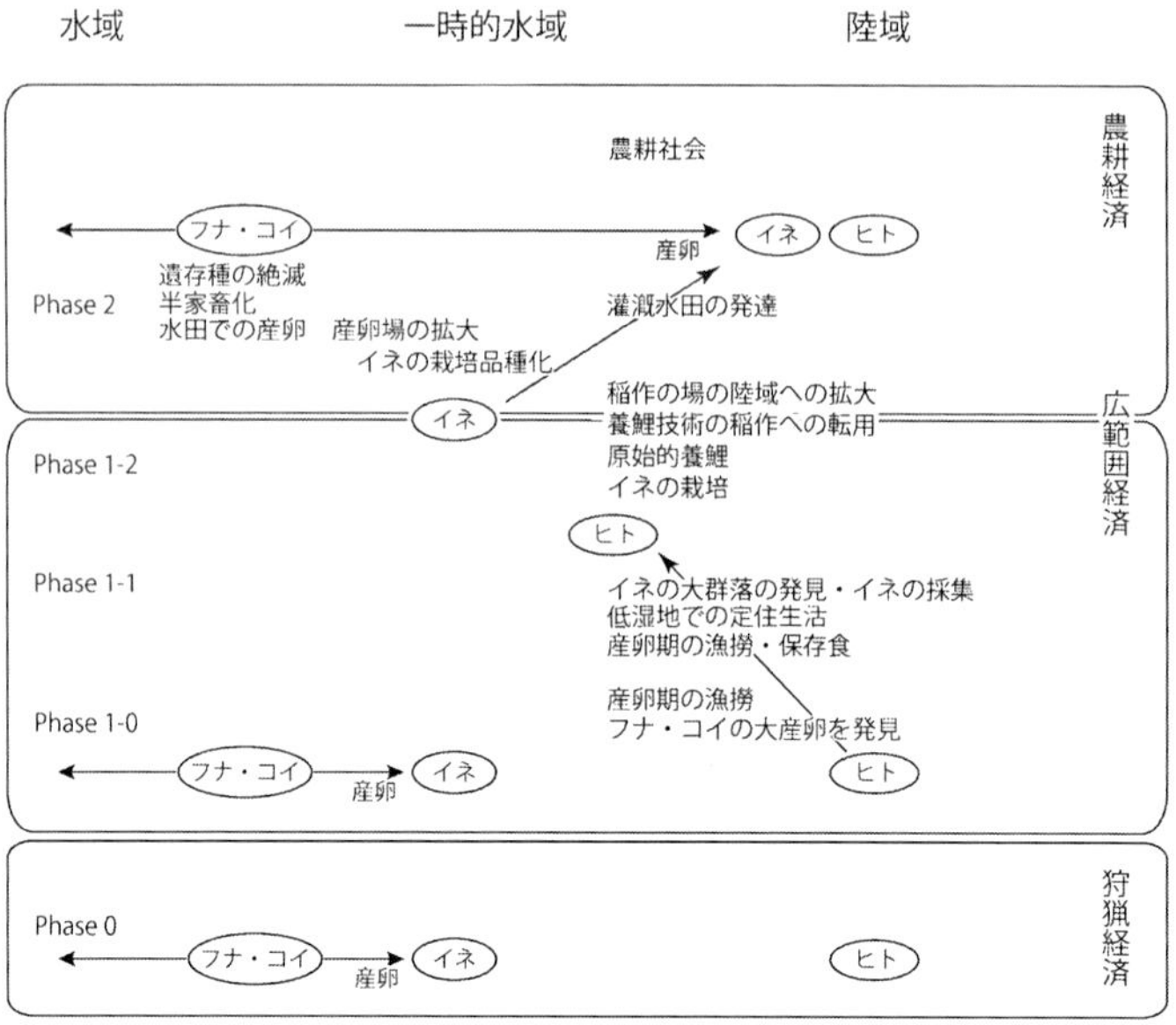

図83　魚とイネとヒトの関係史
野生イネの有無の違いはあるが、長江流域から西日本にかけてのフナやコイの豊かな地域ではこのような関係史があったと考えられる。（中島, 2014）

歯遺存体が出土した下之郷遺跡は、扇状地末端付近の水が湧き出す付近に位置し（図73参照）、水位が上がって広がっていたとしても琵琶湖からは離れている。フナを湖辺のヨシ原まで獲りに行ったのではなく、集落近くまで上らせたはずである。その装置が水田である。滋賀県教育委員会の大沼芳幸さんは、滋賀県内の漁網錘の年代別出土量の解析から、水田稲作に伴う湖岸環境の改変は、フナ類を中心とする魚たちを、人間の生活圏まで呼び寄せる結果となり、モンドリなどの小型陥穽漁具による弥生的漁法を発達させたと、指摘している。西日本、特に琵琶湖地域の弥生時代とは、水田稲作とフナやコイを対象とした淡水魚撈が深く結びついた時代であったといえる。

その後、古代の律令国家のもとで、条里プランにもとづいて、本格的な水田の開発が始まる。歴史時代を通じて低湿地から次第に内陸へと田園地帯が形成されていった。一時的水域としての水田とその淡水のシステムは、河川の氾濫原というすでに失ってしまった環境を人為的に作り出し、生物の多様性を維持するシステムとしての役割を果たすことになる。

水田の開発という人間の営みは、陸域の中に一時的水域を作り出す。水田には肥料が散布される。その肥料はイネだけが消費するのではなく、付着藻類や植物プランクトンも消費する。さらに、それらを餌とする小動物や動物プランクトンが、水田に水を入れることによって一斉に活動を開始する。これらの小動物や動物プランクトンを琵琶湖の魚たちは見逃さなかったはずである。

本章の第一節で紹介した「うおの会」が明らかにした、琵琶湖の周辺の水路などには、まだ在来種が豊かである事実を思い出していただきたい。タモロコ、ヌマムツ、タナゴ類、ドジョウ、ナマズ、メダカなどは、本来琵琶湖の沿岸帯からデルタ帯にかけて生息していた魚たちで、水田が作られると、水田やその用排水路を積極的に利用した魚たちである。水田が平野部に広く拓かれると、その人為的な環境を積極的に利用し、分布を広げていったに違いない。琵琶湖の沖合に住むニゴロブナ、ゲンゴロウブナ、コイ、ホンモロコなどは沿岸帯から一時的水域であるヨシ原にやってきて産卵する。これらの魚たちも水田やその水利システムを産卵場としている。このような水田環境を利用する水田魚類は、弥生時代以降、個体数を増やしたはずである。その一方で、古琵琶湖の時代から遺存的に琵琶湖に生息していたある種の魚たちの生態的位置を奪ってしまった。その証拠が縄文遺跡から見つかるクセノキプリスやクルター、ジョウモンゴイといった多くの絶滅種であったと考えられる。

水田魚類が分布を拡大していった傍証として、近江国の条理プランに、タモロコやヌマムツの分布を重ねてみるとよく一致している。

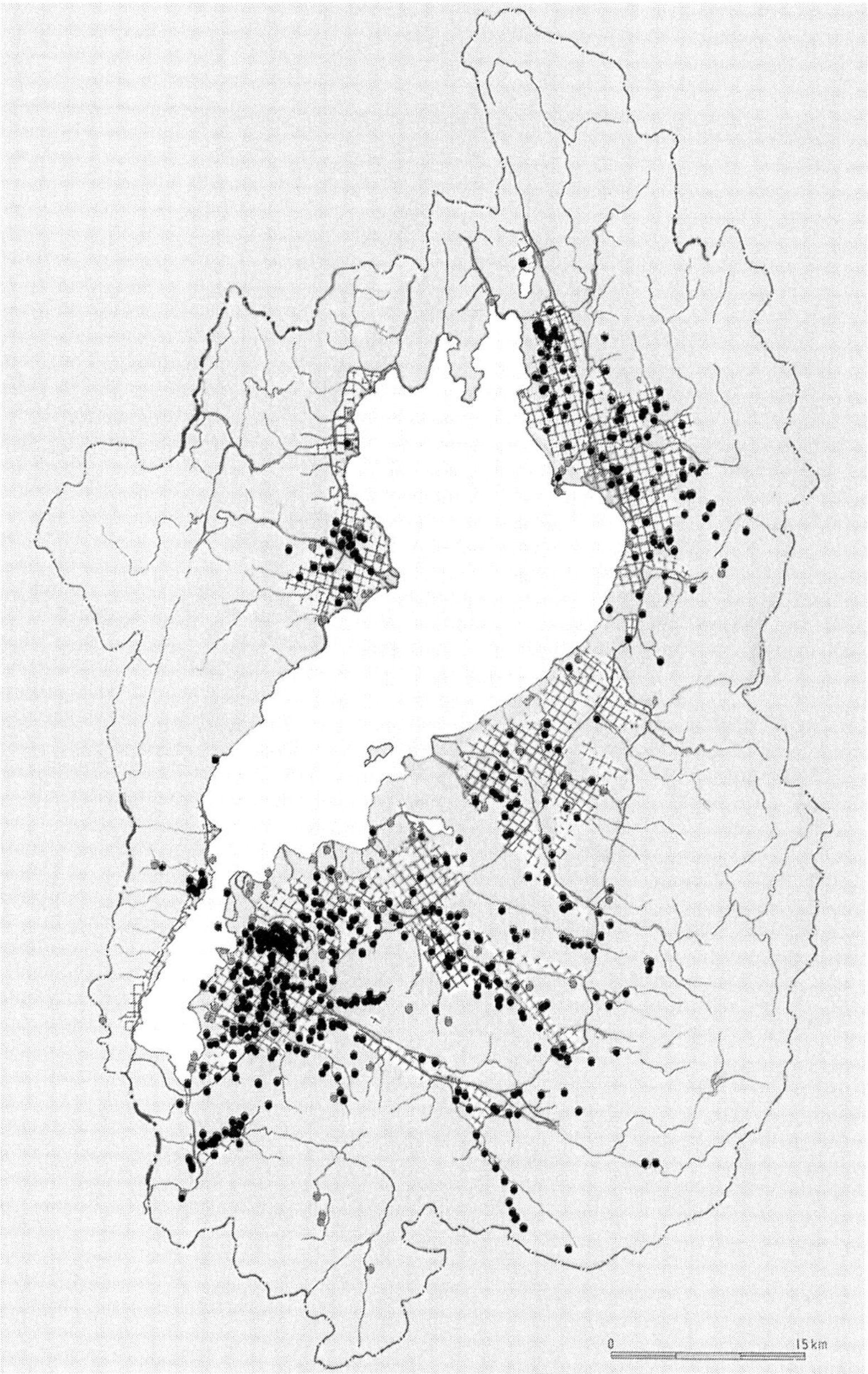

図84　近江の条理プランとタモロコとヌマムツの分布(●) の重なり
（中島, 2004）

第五章　エピローグ

第一節　時間軸の重なり合い

三つの時間軸

美しさに魅せられてコイ科の咽頭歯の研究を始め、魚類学や古生物学から、考古学にたどりついた。コイ科の咽頭歯を研究してきた視点から、最後に漁撈と稲作との関係、つまり魚、米、人の三者の関係史にたどりついた。

ここで展開してきた話を、三つの時間軸を通じて、振り返ってみる。第一の時間軸は地球の歴史である。第二の時間軸はコイ科の歴史である。第三の時間軸は人の歴史である。この三つの時間軸はそれぞれ長さが違うし、はじめから絡み合ってはいない。

地球の時間軸にフナ・コイの時間軸が絡み合うのは、コイ科が誕生してからである。インド亜大陸がユーラシア大陸に衝突する中生代末あたりからである。なんの証拠も根拠もないが、浅いテーチス海が消滅する前後に形成された淡水系がコイ科の起源地ではないかと考えている。ヒマラヤに登る勇気も体力もないが、ヒマラヤにはコイ科の咽頭歯化石がまだ見つからずに地層の中に埋まっていると信じている。

ヒマラヤ・チベットが隆起する以前に、コイ科はユーラシア大陸に分布を広げた。白亜紀末から新生代のはじめのことであった。新生代になって、ヒマラヤ山脈が上昇する。その後、ユーラシア大陸の東縁でのいくつかの弧状列島の形成に伴う淡水系の出現が、東アジアのコイ科の誕生の地となったと想像してみた。ユーラシア大陸の東縁で由来した「北の魚」たちは、ヒマラヤ山脈より南には分布していないことから、このことは類推できる。また、コイ科の亜科毎の分布と咽頭歯の類型がその傍証となっている。確かな証拠を示すことができたのは、前期中新世に起こった日本列島の誕生と日本海の開裂にともなう出来事である。中新世から鮮新世にかけての日本列島と中国大陸から出土するコイ科の化石を比較することによって確かめることができた。日本列島各地、特に日本海側のグリーンタフ地域の多くの産地から出土するクセノキプリス亜科やクルター亜科化石は、日本海の前身である背弧リ

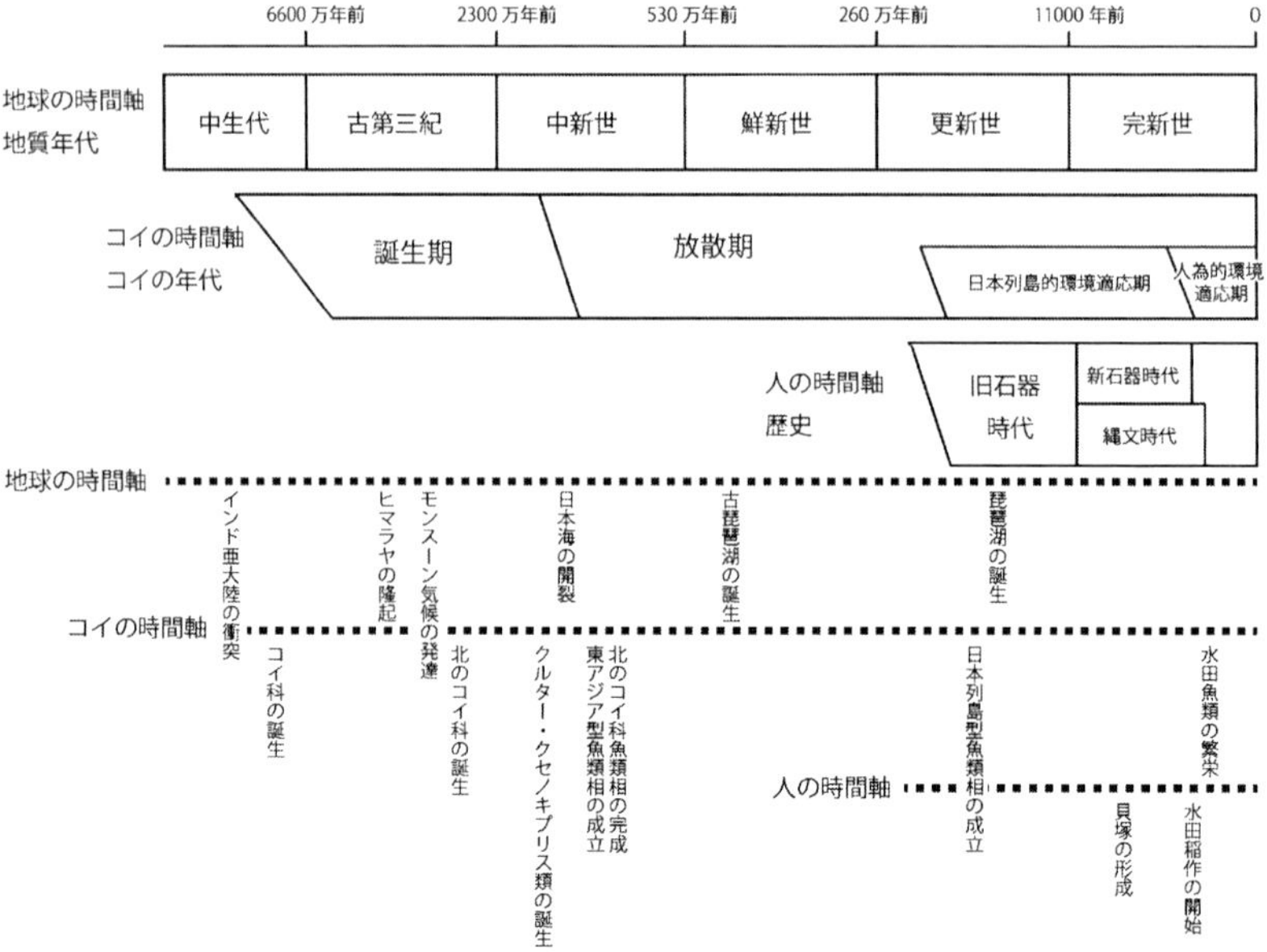

図77　地球と人とコイの時間軸とそれぞれの軸で起こった主な出来事

フティングにより形成された大規模な淡水系が、その起源地であったろうと考えた。その後、鮮新世までにこれらの魚は大陸に広がっていった。東アジア型コイ科魚類相の完成である。日本列島では前期中新世から中期更新世までは、コイ科魚類相が大きく変わることはなかった。更新世に起こった日本列島における淡水環境の変化によって、大陸的要素の多くが絶滅し、列島に固有な種が生まれ、日本列島型コイ科魚類相ができあがる。

地球の時間軸と人の時間軸が絡み合うのは、地質年代では更新世、歴史では旧石器時代からである。魚と人の時間軸が本格的に絡み合うのはそれよりも遅く、地質年代では現世（後氷期）、歴史では新石器時代（日本列島では縄文時代）になってからである。これが本書で示した咽頭歯の研究から見えてきた三つの時間軸の絡み合いである。ところでこの時間軸を表すために、地球と人の時間軸の尺度で表してきたが、コイの時間軸を表すための年代があってもよいと思う。コイの時間軸をグローバルに広げることはむずかしいので、日本列島に限って年代区分すると、図77のようになる。

魚と米と人の関係をふりかえる

縄文時代や新石器時代に成立した魚と米と人の三者の関係のその後について考えてみる。しかし、その前に、繰り返しになるが、三者の関係の成立についてふり返る。

初めに米と人の関係を考えてみたい。人は、効率よく収穫量を増やすように、イネの品種や稲作技術を改良する努力をしてきた。このことをイネの立場で考えてみる。野生品種から栽培品種になり、ヒトに栽培されることは、イネ *Oryza sativa* という種にとっての適応である。人に栽培されることによって、分布を本来の分布域よりも北方にまで広げ、生物としての生産量を増やし、種がよく保存される結果となっている。

次に魚と人の関係について考えてみたい。フナやコイは産卵期にヨシ原などの一時的水域にやってきて産卵する。これは東アジアのモンスーン気候が成立したころから延々と続けてきた魚たちの産卵生態である。そこへ、縄文時代（あるいは新石器時代）になって、人はこの一時的水域に近づき、産卵期の魚を捕まえた。魚を効率よく捕まえようと水辺の環境を改変したかもしれない。長江流域では魚の産卵場である一時的水域には野生イネが自生している。その種子である米の採集、さらに半栽培を始めた。イネの栽培に適するように、さらに、魚をうまく獲れるように水辺環境を改変したと推測される。水辺環境の改変は、初歩的な養鯉の開始につながる。産卵期のコイを畜養するために池が掘られ、池の水位を調節する工夫をしたはずである。ここまでの段階では、魚は一方的に人に獲られるだけである。また、魚とイネとの関係もあまり濃密ではなかった。

次の段階は、養鯉のために、池を掘ったり、水位を制御したりするための土木技術が稲作に転用され、水田が拓かれる。自然のサイクルに合わせて営まれる水田稲作は、雨季の水位上昇によって作り出される一時的水域と同じような環境である。水田魚類であるフナやコイはこれを見逃すことなく利用した。人為的な一時的水域は、魚にとっての産卵場となり、その仔稚魚の養育場となる。その結果として、水田を利用する魚は、個体数を増やしていったのである。これは魚と人との互恵的な関係である。一方、魚とイネの関係も水田という場において濃密になっていった。次に魚とイネの濃密な関係について解説する。

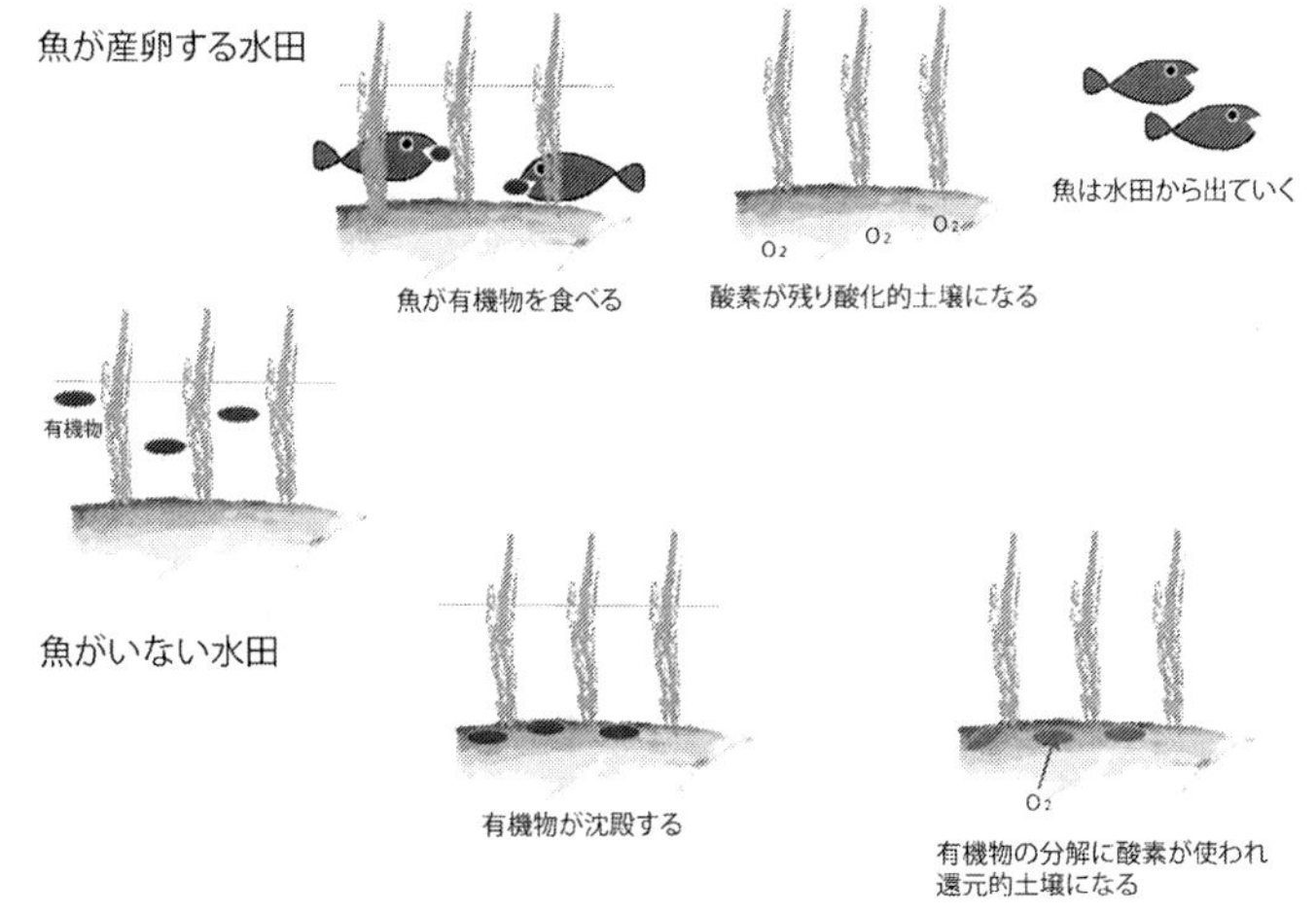
魚が産卵する水田
魚が有機物を食べる
O_2
O_2
O_2
酸素が残り酸化的土壌になる
魚は水田から出ていく
有機物
魚がいない水田
有機物が沈殿する
O_2
有機物の分解に酸素が使われ
還元的土壌になる

図78　魚が産卵した水田と魚がいない水田の比較

水田に魚がいることのメリット

水田に魚がいることは稲作にとってもメリットがある。田んぼに魚やさまざまな生き物がいることは、有機農法の田んぼであることの証になる。収穫される米に付加価値をつけることになる。これは、米作りをしている人にとってのメリットである。イネにとってのメリットはあるのだろうか。そのことについて考えてみる。

魚は水田の中で、餌を食べ有機物を消費して育つ。養鯉では、田んぼから水を抜くころまでに、コイをとりあげる。雨季にフナやコイ、ナマズが田んぼの中にはいってきて産卵する田んぼでは、親魚はすぐに田んぼから出ていくが、孵化した仔稚魚は田んぼの中で餌を食べて成長する。田んぼの水が抜かれるころまでに大きく育ったフナの稚魚は田んぼから出ていく。水田養鯉にしろ、産卵が行われた田んぼにしろ、有機物が田んぼの外に持ち出されることを意味する。一方、魚のいない田んぼでは、使われなかった有機物は田んぼに沈殿

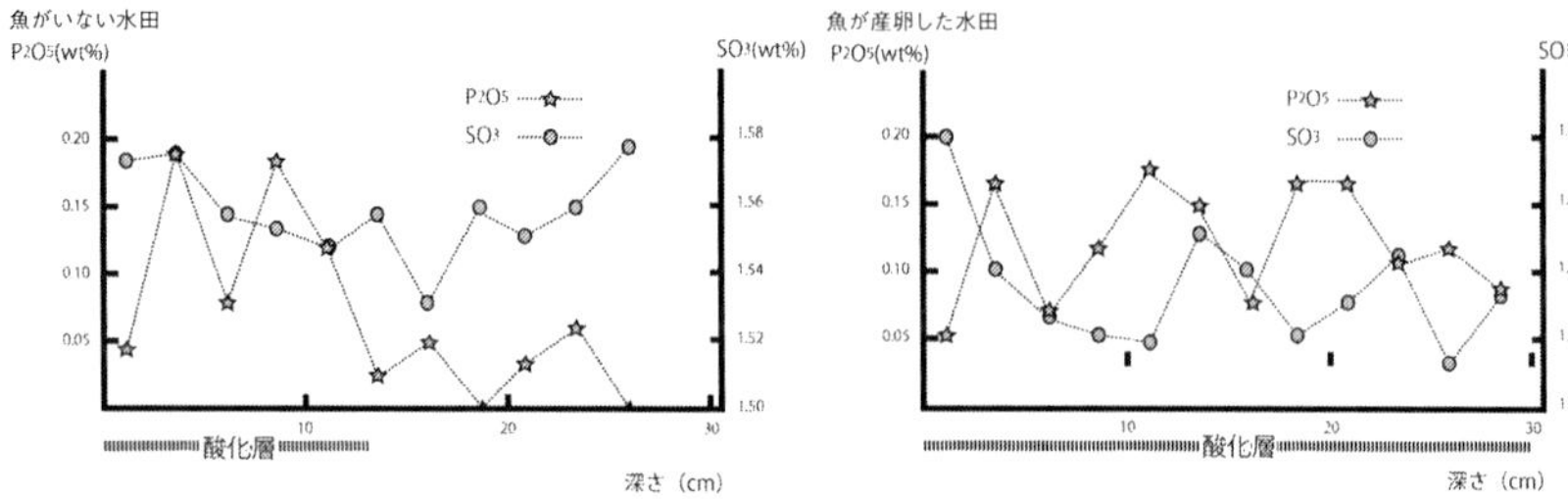

図79　リン酸塩と硫酸塩濃度の比較
魚が産卵した水田では30cmまでリン酸塩が保持されているが、魚がいない水田では、15cmで還元的になり、リン酸塩がなくなる。

し、水が抜かれた田んぼの土壌と混じりあう。水が抜かれた田んぼの土壌は、空気に触れるので酸化的になるはずであるが、沈殿した有機物は土壌中の酸素を使って分解される。その結果、土壌は還元的になる。一方、有機物が外に持ち出された田んぼでは土壌中の酸素が保持されるはずである。

博物館に在籍していたとき、私がリーダーを務め、さまざまな研究機関の研究者を集めて、「フナやコイ」を対象にした自然科学と人文社会科学を融合させた研究プロジェクト（「東アジアの中の琵琶湖―コイ科魚類の展開を軸とした―環境史に関する総合研究」）を行っていた。その研究プロジェクトの中で、当時、東京都立大学にいた福沢仁之さんは、フナが産卵し仔稚魚が育った水田と魚を入れなかった水田について、それぞれ土壌のコアサンプルを採取し、その分析結果を比較した。魚がいない水田の土壌の酸化層は深さ10～15cmまでで、それより下位は還元層になっていた。魚がいた水田の土壌では、コアサンプルの下限である30cmまで酸化層であった。還元層では硫黄が増加し、硫酸還元が進行し、リン酸塩が溶出してなくなっている。一方、酸化層ではリン酸塩が土壌中に保持されていることを示した。このことは、田んぼに水が張られ、土壌が還元的になると、保持されたリン酸塩が溶け出し、イネの栄養塩として利用されることを意味する。魚が田んぼにいることは、イネにとってメリットとなる。魚とイネとの関係は、水田が作られる以前から、モンスーン地域での一時的水域で成立していた野生イネと魚との関係であった。それが、水田という場で、両者の関係はより濃密になったといえる。

弥生時代に始まるフナやコイが自由に出入りできる水田の広がりは、人にとっては米の収量を増やし、魚を簡単に獲ることができた。またイネにとっては栄養塩が保持され、魚にとっては産卵場や仔稚魚の養育場が広がった。三者にとってウィンウィンの関係が成立したのである。

第二節　米をとるか魚をとるか

三者の関係のそれから

日本では、飛鳥時代後期の律令制で実施された租庸調から始まる税制は、明治時代の地租改正まで、米が中心であった。米作りをする農民だけではなく、為政者にとっても米の増産を図らなければならない。

ところで、モンスーン地域の湖では、雨季には水位が上昇し、乾季には水位が下がる。水位の上昇はたんに水位が上がるだけではなく、湖が広がることを意味する。水位によって湖は表面積を広げたり、縮めたりする。このような湖では、広い一時的水域が作りだされる。このような場所がデルタであり、魚たちの産卵場や仔稚魚の養育場となっている。最初に水田が作られたのは、デルタより上の扇状地性低地の平野部を流れる河川のまわりからで（図71参照）、次第に、周辺の森を伐採し、水田を拓いていったと考えられる。最終的に扇状地やデルタにも水田は作られた。扇状地の田は水がなくて困り、デルタの田は逆に水に浸かるので困った。為政者にとって、収量の多い良田を広く作り上げていくことが切実であった。農民も収量の多い良田が欲しかった。扇状地の水田には灌漑をすることによって、米作りができる。しかし、湖辺の水田は、湖の水位変動によって、毎年のように水に浸かる。農作業には田舟が必要で、農民は過酷な労働を強いられた。しかし、デルタの水田にもメリットがあった。田が水に浸かれば、フナやコイ、ナマズやワタカが田んぼの中にはいってくる。魚がたくさん獲れる。米の収量は少なくなるので、年貢はある程度軽減されるのである。近代まで、琵琶湖周辺の農民が農作業の合間にしかけたモンドリやウケといった小型陥穽漁具によるオカズ獲りの漁は、専業漁師による漁獲よりも多かったといわれている。アジアのモンスーン地域の低湿地に暮らす人々にとって、魚と米は切り離せないものであった。

一方、農民にとっても、米の収量を上げ、効率的な米作りをしたいという思いがある。とくに、過酷の労働を強いられる湖辺の水田では、大型農業機械が使える乾田に変え、水に浸かることのない水田にしたいという思いは強かったはずである。それに応えるように、1960年代から圃場整備事業が開始され、農地の大区画化や乾田化が進められた。また昭和47年（1972）から琵琶湖の治水と利水を目的とする琵琶湖総合開発が始まり、湖岸堤の設置が進められた。その結果、デルタの湿田は、水に浸かることも

表7　琵琶湖周辺と琵琶湖の魚の出来事

時期	琵琶湖周辺整備等	琵琶湖の魚
1960（昭和35）		ブルーギルの出現
1960年代	圃場整備が進む	
1973（昭和48）	琵琶湖総合開発が始まる	
1974（昭和49）		オオクチバス(ブラックバス）の出現
1970年代		ブルーギル、オオクチバスが珍しい魚としてよく採れだす
1982（昭和57）		フナの漁獲量742トン
1983（昭和58）	メロン街道開通	この頃からオオクチバスが急増
1987年頃		フナの漁獲が減り始める
1991（平成3）	湖周道路開通	
1992（平成4）		フナ漁獲量166トン（10年前の2割近くにまで減少）
1990年代		ブルーギルが爆発的に増加
1997（平成9）	琵琶湖総合開発終了	

なく、大型農業機械を使用しての効率的な米作りができるようになった。湖辺の水田も良田となったのである。

ところが田んぼを乾田にするために排水路を深くして、田面と水路に大きな段差を作ってしまった。そのために魚が田んぼにはいれなくなった。また湖岸堤によって、琵琶湖の水位が上昇しても、浸水することがなくなったかわりに、一時的水域となるヨシ原を減少させてしまった。これらの一連のできごとは、魚のための一時的水域を急速に減少させるという結果をもたらした。

第四章第一節で紹介したメロン街道と湖周道路はこの二つの事業の完成を象徴している。デルタ域に敷かれたメロン街道は、デルタ域の圃場整備が終わったことを意味している。湖周道路の開通は、湖岸堤の完成を意味している。メロン街道は１９８３年に、湖周道路は１９９１年に開通している。

１９７０年代から１９９０年代までのこれら一連の事業が実施された期間に琵琶湖ではどのようなことが起こっていただろうか。１９７４年にはじめて見つかり珍しい魚であったオオクチバス（ブラックバス）が１９８３年頃から急増する。１９８０年代の終わりにはフナの漁獲高が激減し、１９９２年には１９８７年の漁獲量の５分の１にまで減ってしまう。また１９９０年代にはオオクチバスにかわって、ブルーギルが激増し、琵琶湖の魚はブルーギルといわれるほどになってしまった。オオクチバスもブルーギルも一時的水域を必要としない魚である。それに対して、フナやコイはモンスーン気候下で作り出される一時的水域を必要とする魚である。人にとって必要な事業であったから、圃場整備も琵琶湖総合開発も実施されたのであるが、フナやコイにとってはたいへん迷惑なことであった。このことは、人の思いが、魚から米に大きく振れていたことを意味している。

フナやコイを獲るより米を作るほうが、経済的であるかもしれない。しかし、水田は、魚と米と人、それぞれにメリットがある関係を作り出す場なのであるから、米から魚にもう少し振り戻してもよいのではないだろうか。水田のこれからを考えることにする。

魚と米と人のこれから

昭和の中頃までは、家や田んぼのまわりの水路は、子供たちが魚つかみをする遊びの場であったり、おかずとりの漁をしたりする場であり、人々の水路や魚への関心は高かった。しかし、現代では、水路は単に水を流す「路《みち》」になってしまい、人々の意識の中から魚の姿は消えてしまっている。水田もたんに米を作る場所となってしまった。魚と米と人の関係をこれから少しでも本来の姿に戻すにはどうしたらよいのだろうか。

滋賀県が２００１年から取り組んできた「魚のゆりかご水田プロジェクト」では、水田は米作りだけのものではなく、魚にとっても大切であるという考えから実施されてきた。農業の生産性を維持しながら、フナやコイを田んぼで産卵させ、仔稚魚を育てる取り組みを行っている。はじめはニゴロブナの親魚を田んぼに放し、産卵させることから始められた。いまでは、排水路の水位を田んぼに合わせるように堰上式魚道を排水路に設置し、魚が田んぼへ遡上できるようにしている。田の水を抜くころには、溝を作って育った稚魚が湖へ帰れるようする。農家にとっては少し手間がかかるが、魚にとっては確かにメリットがある。自然の一時的水域よりも、稚魚の生存率がはるかに高くなっている。また、農家にとっても食味の良い米がとれ、ブランド米としての付加価値がついている。さらにこの事業によって、魚道つくりなどさまざまな活動をすることによって、人々の交流がうまれ、魚や生き物への関心を深める効果がある。

第四章のコラムで紹介したうおの会や琵琶湖お魚ネットワークの活動も多くの人々を水路や魚に近づけさせた。私自身、うおの会の活動に参加し、滋賀の用水路で魚つかみをしてきた。さらに博物館を退職して、岡山理科大に移ってからも、学生実習と称して岡山の水路での魚つかみを楽しんできた。20年近く水路や魚の様子を見続けてきたが、家の周りの水路の魚はまだ元気

図80　ゆりかご水田の排水路に設けられた魚道

図81　お魚ネットワークの活動風景
（琵琶湖博物館うおの会，2007）

である。水田が埋めたてられ、宅地や工業用地が造成されているなかで、この状態がいつまで続くのか心配である。

魚つかみや魚採りによって、捕まった魚は命を落とすことになるかもしれないが、人知れずいつのまにか魚が水路から消えていくよりも、人々が魚に関心を持ってくれることのほうが魚にとって好ましいのではないだろうか。弥生時代にできあがった、魚と米と人の本来の関係に戻すことはできない。しかし、水田は米を作るためだけのものではなく、魚の産卵場や仔稚魚の養育場で、魚以外にも多くの生き物が生息している一時的水域である。また、水路は用水や排水を流すだけのものではなく、たくさんの魚が泳いでいる水路なのだと、多くの人々が関心を持ち続けることが大切なのではないかと思う。

人は扇状地の末端からしだいに湖に近づいていった。扇状地性低地とデルタの境まで近づいた。そして20世紀の最後に湖岸堤をつくり、湖に手を加えるようになった。もう一度、立ち止まって本来の姿を思いだすことも必要なのではないだろうか。

中島経夫, 2004, 自然環境と文化のかかわり—縄文から現代へ. 梅原猛編『縄文人の世界』pp.354-377, 角川書店, 東京
中島経夫, 2005, 多様な形はどのようにできあがるか—コイ科魚類の咽頭歯. 松浦啓一編『魚の形』, pp. 69-113, 東海大出版会, 東京
中島経夫・甲斐朋子・辻美穂・鈴木恭子, 2005, 鳥浜貝塚出土の咽頭歯についての定量分析の予察的報告. 鳥浜貝塚研究, (4/5) : 1-8
Nakajima, T., Nakajima, M. and Yamazaki T., 2010, Evidence for fish cultivation during the Yayoi Period in Western Japan. *Int. J. Osteoarchaeol.*, 20:127-134
Nakajima, T., Nakajima, M., Mizuno, T., Sun, G.-P., He, S.-P. and Liu H.-Z., 2010, On the pharygeal tooth remains of crucian and common carps from the Neolithic Tianluoshan site, Zhejian Province, China, with remarks on the relationship between freshwater fishing and rice cultivation in the Neolithic age. *Int. J. Osteoarchaeol.*, 22:294-304.
中島経夫, 2011, 東海道線（琵琶湖線）と魚の分布. 中島経夫・うおの会編『「魚つかみ」を楽しむ　魚と人の新しいかかわり方』pp. 162-164, 新評論, 東京
Nakajima, T., 2012, Origin and Temporal Succession of the Cyprinid Fish Fauna in Lake Biwa. Kawababe, H., Nishino, M. and Maehata, M. eds. “*Lake Biwa: Interactions between Nature and People*” pp.17-23, Springer, New York
中島経夫, 2014, 新石器時代における漁撈と稲作の関係—コイ科魚類咽頭骨および咽頭歯遺存体の分析から. 中島経夫・槙林啓介編『水辺エコトーンにおける魚と人：稲作起源論への新しい方法』pp.13-34, ふくろう出版, 岡山
Nakajima T., 2018, *Comparative Studies on Pharyngeal Teeth of Cyprinids*. 166pp. Tokai University Press, Tokyo.
Nakajima,T., Hudson, M.J., Uchiyama,J., Makibayashi,K. and Zhang, J.-Z.、2019, Common carp aquaculture in Neolithic China dates back 8,000 years. *Nature Ecology and Evolution*, 3:1415–1418
佐藤智之・木戸祐子・濱口浩之・中島経夫, 2000, タモロコ咽頭歯の交換による形態変化. 魚類学雑誌, 47: (2) : 109-114.
滋賀県立琵琶湖博物館, 1998, 滋賀県立琵琶湖博物館 総合案内. 98pp. 滋賀県立琵琶湖博物館, 草津
伍献文他（編）, 1964, 中国鯉科魚類志　上巻, 上海技術出版社, 上海

図を引用した文献

琵琶湖博物館うおの会, 2005, みんなで楽しんだうおの会—身近な環境の魚たち. 233pp. 琵琶湖博物館研究調査報告書, 23号, 滋賀県立琵琶湖博物館, 草津

琵琶湖博物館うおの会, 2007, 琵琶湖お魚ネットワーク報告書. 96pp. WWFジャパン・琵琶湖博物館うおの会, 草津

Bystrov, A. P., 1959, The microstructure of skeleton elements in some vertebrates from Lower Devonian deposits of the U.S.S.R. *Acta Zool.*, 40(1):59-83

川辺孝之, 1994, 琵琶湖のおいたち. 中島経夫他編『琵琶湖の自然史』pp. 25-72, 八坂書房, 東京

Matsuoka, K., 1987, Malacofaunal succession in Pliocene to Pleistocene non-marine sediments Omi and Ueno Basins, central Japan. *J. Earth Sci.,* 35:23-115.

Minato, M., Gorai, M, and Hunahashi, M, (Edit.), 1965, The geologic development of the Japanese islands. Tsukiji-Shokan, Tokyo

Nakajima, T., 1979, The development and replacement pattern of the pharyngeal dentition in the Japanese cyprinid fish, *Gnathopogon caerulescens*. Copeia, 1979(1):22-28.

Nakajima, T., 1984, Larval vs. adult pharyngeal dentition in some Japanese cyprinid fish. *J. Dent. Res.*, 63(9):1140-1146.

Nakajima, T., 1987, Development of pharyngeal dentition in the cobitid fishes, *Misgurunus anguillicaudatus and Cobitis biwae*, with a consideration of evolution of cypriniform dentitions. *Copeia*, 1987(1):208-213.

中島経夫, 1987, 比較形態学からみた歯. 古橋九平監修『歯の進化からさぐる　ヒトの歯の形態学』pp.3-52, 医歯薬出版, 東京

Nakajima, T., Yue, P.-Q., 1989, Development of the pharyngeal teeth in the big head, *Aristichthys nobilis* (Cyprinidae). *Jap. Jour. Ichthyol.*, 36(1):42-47

中島経夫・内山純蔵・伊庭功, 1996, 縄文時代遺跡（滋賀県粟津湖底遺跡第3貝塚）から出土したコイ科のクセノキプリス亜科魚類咽頭歯遺体. 地球科学, 50(5):419-421.

Nakajima, T., Tainaka,Y., Uchiyama, J. and Kido,Y., 1998, Pharyngeal tooth remains of the Genus *Cyprinus*, including an extinct species, from the Akanoi Bay Ruins. *Copeia*, 1998(4):1050-1053.

中島経夫, 2003, 淡海の魚から見た稲作文化. 守山市教育委員会編『弥生のなりわいと琵琶湖』, pp.70-91, サンライズ出版, 彦根

あとがき

本書は私がどのように研究を展開してきたかという研究史をまとめたものである。本書の中に登場していただいた方々は、私が研究を進めていくうえで、頼りにしたり、たいへんお世話になったりした方々である。ほかにも数多くの方々に、お世話になりながら研究をつづけてきた。たとえば、琵琶湖の魚についてしろうとの私にいろいろなことを教えてくださった漁師の方々、大学院での同僚、琵琶湖自然史研究会の方々、岐阜歯科大学第二口腔解剖学教室や第一口腔解剖学教室の方々、滋賀県立琵琶湖博物館での同僚、うおの会の方々、琵琶湖博物館総合研究「東アジアの中の琵琶湖—コイ科魚類の展開を軸とした—　環境史に関する総合研究」に参加していただいた方々、岡山理科大学での研究室の大学院生や学生の皆さんなど列挙しきれない方々である。また、私の研究活動は、妻美智代に支えられてきた。本書の最後になってしまったが、これらの方々に心からお礼申し上げる。

河姆渡遺跡にて

本書を執筆するにあたって、守山市の考古遺跡や道路についての情報を、守山市文化財保護課の川畑和弘さんからいただいた。また、滋賀県の水産データなどの情報は琵琶湖博物館の藤岡康弘さんからいただいた。さらに、本書の編集にあたっては、サンライズ出版の岩根治美さんに、読みづらい原稿を読んでいただき、本書の編集をしていただいた。あらためてお礼申し上げる。

２０２３年12月

中島経夫

著者略歴

中島経夫（なかじま　つねお）

1949年東京都生まれ。1982年京都大学大学院理学研究科動物学専攻博士課程修了。理学博士。日本学術振興会奨励研究員、岐阜歯科大学（現在朝日大学）、琵琶湖博物館、総合地球環境学研究所客員教授、岡山理科大学生物地球学部・同大学大学院総合情報研究科教授（2018年3月退職）。琵琶湖博物館名誉学芸員。1997年第6回生態学琵琶湖賞受賞。専門はコイ科魚類の咽頭歯に関する形態学的研究、およびそれに基づく古生物学的および考古学的研究。

主な著書，翻訳

『中国鯉科魚類誌（伍献文著，中国鯉科魚類志）』共訳，たたら書房，1980／『琵琶湖の自然史』共著，八坂書房，1994／『魚つかみを楽しむ 魚と人の新しいかかわり方』共著，新評論，2011 『水辺エコトーンにおける魚と人：稲作起源論への新しい方法』共編，ふくろう出版，2014／『Comparative Studies on Pharyngeal Teeth of Cyprinids』Tokai University Press, Tokyo. 2018など

きっかけはコイの歯から

—魚と米と人のかかわり—

2024年１月28日　初版第１刷発行

著　者　中島経夫

発行者　岩根順子

発行所　サンライズ出版株式会社

〒522-0004　滋賀県彦根市鳥居本町655-1

TEL 0749-22-0627　FAX 0749-23-7720

印刷製本　サンライズ出版株式会社

 ISBN978-4-88325-805-5 C1045

定価はカバーに表示しています